学术研究专著

系统论学习与实践

金士尧　编著

西北工业大学出版社

西　安

【内容简介】 本书主要介绍了系统的组成以及组成元素间互联、边界和环境等系统的基础理论,为读者提供一个清晰的系统理论框架。全书共6章,内容包括系统论及其复杂性、关联网络、系统组成的演化、系统仿真与建模、多主体仿真与基于涌现的多主体仿真和科学实践。

本书可供高等学校计算机相关专业师生参考使用,也可供系统仿真与建模等领域技术人员参考使用。

图书在版编目(CIP)数据

系统论学习与实践 / 金士尧编著. — 西安 : 西北
工业大学出版社,2024.7. — ISBN 978 - 7 - 5612 - 9370 - 6

Ⅰ. N941

中国国家版本馆 CIP 数据核字第 2024AJ1804 号

XITONGLUN XUEXI YU SHIJIAN
系 统 论 学 习 与 实 践
金士尧 编著

责任编辑:张 潼		策划编辑:杨 军	
责任校对:杨 兰		装帧设计:高永斌 李 飞	

出版发行:西北工业大学出版社
通信地址:西安市友谊西路 127 号　　　　　邮编:710072
电　话:(029)88491757,88493844
网　址:www.nwpup.com
印 刷 者:西安五星印刷有限公司
开　本:720 mm×1 020 mm　　　　　1/16
印　张:12.75
字　数:177 千字
版　次:2024 年 7 月第 1 版　　　　2024 年 7 月第 1 次印刷
书　号:ISBN 978 - 7 - 5612 - 9370 - 6
定　价:58.00 元

如有印装问题请与出版社联系调换

前　　言

世界万物,种类繁多,形态各异,变化多端。认识世界,改造世界,乃至创新世界,都离不开系统论。

系统论的本质是任何事物皆为系统。系统是由它的组成要素(组成部分)通过关联,互相依存,互相作用形成整体,在内外环境的影响下存在、演化、变异(涌现),从原有的状态变成新的状态,形成各色各样的大千世界。

认识世界有唯物论和唯心论。唯物论一般从实践论、矛盾论开始将事物分解为诸多因素,甚至简化成二分法,抓住主要矛盾和矛盾的主要方面进行深入探索,进而观察事物的整体性,研究因素之间自下而上作用和自上而下的影响,辩证地观察事物。一言蔽之,这就是辩证唯物主义。

世界万物一切都在变,变是绝对的,不变才是相对的。不变的条件是事物组成的诸因素处于一定范围的平衡状态,一旦失衡,就会出现涌现(系统崩溃),从一个状态变成另一个状态,甚至变成新事物!

以人体结构为例,人体是个复杂系统。按中医说法,人有五脏六腑(五脏为心、肺、脾、肝、肾,六腑为胆、胃、小肠、大肠、膀胱、三焦)。西医将人体分成九大分系统,即骨骼分系统、消化分系统、呼吸分系统、心血管分系统、泌尿分系统、生殖分系统、感觉分系统、循环分系统、神经分系统。它们之间靠血液、神经、脉络等互联起来,保持各分系统供需平衡(处在各项生命指标正常范围内),维持着人的生命。如果各分系统供需失衡,人就生病,失衡过度,人体崩溃(涌现),失去生命,状态变换,活人变死人!

上面就是系统论的主要内涵。它的难点在于分析系统组成部分之间的互助作用以及环境对其影响造成演化,出现涌现的临界点。作用、影响、演化、临界点,有的有规律可循,可以用数学描述,但大多数非常复杂,非常随机,具有复杂性和不确定性。有人称具有涌现现象的系统为复杂系统。复杂系统的复杂性包含不确定性和随机性,现代处理办法有概率统计、大数据、仿真模拟、人工智能、机器学习等。

在系统论实践中,本书采用了主体(Agent)概念来描述系统组成的属性、行为等,它能感知系统内部的作用和外部环境的影响,并作出一定的自我控制和演化,形成系统整体性。多主体(Muli-Agent)可以用来研究复杂系统。

本书包括系统论学习和实践两部分内容共 6 章,二者都是笔者指导博士研究生教学的成果。第 1 章是笔者学习系统论心得体会;第 6 章是学生的实践,涉及的博士有李宏亮、黄红兵、任传俊、范高俊、李宝、吴集、吴彤、叶超群等人。同时,还要感谢汪昌健老师、李宝博士、李方召博士的支持和帮助。在编写本书的过程中,笔者参考了大量文献资料,向其作者表示感谢。教学相长,使笔者在系统论方面得益匪浅!今总结汇集成书,供后来者翻阅,希望有助于发展系统论!

记得有一首诗,最能表达教师应尽的天责:

> 春蚕到死丝方尽,
> 蜡炬成灰泪始干!

笔者大学毕业后留校任教,从事教育事业 57 年,当了一辈子教师,培养了 100 余名硕士、博士、博士后,写作自勉!

> 夕阳西斜映晚霞,
> 川流悬挂百丈崖,
> 碧空云端洒金光,
> 暮看青松吐新芽!

由于水平有限,书中难免存在疏漏和不足之处,敬请广大读者批评指正。

金士尧

2024 年 1 月

目　　录

第1章 系统论及其复杂性

人类认识世界、改造世界,甚至虚拟未来世界都有对应的具体对象,这些对象来源于现实世界。辩证唯物主义哲学认为,世界是物质世界,物质世界中的万物或现象彼此都是互相关联的,也就是说它们是互相依存、互相制约、互相影响的。研究或考察具体的对象,脱离了它和周围环境及相互的有机联系将毫无意义。与此同时,事物或现象互相依存、彼此密切联系,形成统一的、有规律的物质运动过程。物质和运动是不可分割的。物质不能脱离运动而存在;同样,运动也不能离开物质存在。不能设想没有物质的运动,也不能设想没有运动的物质。进一步讲,物质运动是在空间和时间中进行的,空间和时间之外的物质运动是没有的,空间和时间是物质运动存在的形式。由此可见,研究或考察具体的对象,就是研究它的联系、它的运动规律,研究它的时间和空间的变化。然而,人们的研究或者考察不可能包罗万象,只能在有限的范围内进行,根据矛盾论的观点,只能抓主要矛盾、矛盾的主要方面,即影响全局和整体的那些不可缺少的联系。以上内容就是科学系统论产生的哲学基础。

§1.1 系统论述

1.1.1 系统的基本概念

现代系统论的开创者冯·贝塔朗菲(L. Von Bertalanffy)根据系统自身的表征,将系统定义为"相互作用的多元素组合成的复合体"。我国科学家钱学森将系统定义为"由相互制约的各组成部分组成具有一定功能的整体"。后者强调的是系统的功能,具有特定功能是系统的本质,研究系统的目标。而前者强调的是系统内部的相互联系、相互作用以及系统对元素的综合作用。由此可见,系统的定义如下。

如果对象集 S 满足以下三个条件:

(1) S 中至少包含了两个不同对象;

(2) S 中的对象按一定方式相互联系在一起;

(3)具有一定功能的整体性;

那么称 S 为一个系统,S 中的对象为系统的组成部分(组分)或者系统元素(基元)。

凡是系统都具有以下基本特征:

(1)多元性。系统至少由两个元素组成,两个元素组成的系统称为二元素系统,多于两个元素组成的系统称为多元素系统。系统包含了无穷多的元素称为无限系统。大量元素组成的系统,可以将其元素分类形成层次,称为多层次元素系统。例如:三层结构的系统包括基元、组分和系统;四层结构的系统由元素、组分、分系统和系统组成。

(2)关联性。系统中的元素按一定的方式相互联系,相互作用,相互制约。不存在与其他元素无任何联系的孤立的元素。

(3)整体性。多元性加上关联性,产生了系统的整体性或一体性。凡是系统都有整体的形态、整体的结构、整体的边界、整体的特性、整体的行为、整体的功能、整体的演化等。

下面来定义子系统(分系统)。

在元素众多、结构相对复杂的系统中,元素之间存在着社团现象,即一部分元素按某一种方式更紧密地联系在一起,且具有相对独立性,并有自己的整体性。不同社团之间的关联相对稀松,这类社团被称为子系统或者组分。

如果 S_i 满足条件:

(1) S_i 是 S 的一部分,即 $S_i \in S$;

(2) S_i 本身是一个系统;

那么 S_i 被称为 S 的一个子系统。定义中的第(1)项表示子系统具有从属性、局部性,它只是系统的一部分;第(2)项表示子系统具有系统性,它不是元素,没有基元性。元素只是系统结构的最小组成部分,它们不再被细化分割,又称基元。

设系统 S 被划分为 n 个子系统 $S_1,S_2,\cdots,S_n$。正确的划分应满足以下要求:

(1)完备性 $S=S_1\bigcup S_2\bigcup\cdots\bigcup S_n$;

(2)独立性 $S_i\bigcap S_j=\varnothing$(空集),$i\neq j$。

相反,什么是非系统呢? 根据系统的定义,可进而获得非系统的定义如下。

如果对象集合 N 满足以下条件之一:

(1)N 中只有一个不可再分的对象;

(2)N 中不同对象之间没有按一定方式连成一体;

(3)没有一定功能的整体性;

那么称 N 为一个非系统。

严格意义上来说,按照非系统定义,非系统并不存在,因为现实世界的事物都不是绝对可分的,也不存在完全没有联系的多元集合,也没有整体性的事物。但从相对的意义上讲,系统科学承认非系统概念的合理性。相对孤立的基元、非常微弱的关联以及没有特征的整体性都可视为非系统。总之,非系统和系统相比较,系统是绝对的、普遍的,非系统是相对的、非普遍的。没有一个现实事物完全不可看作系统。世界上的事物都以系统方式存在,都可以用科学系统论的方法去研究,这就是系统科学的重要性所在。

1.1.2　系统的组成与结构

研究系统首先是认识系统的组成和结构。从系统的内部来看,构成系统的最小组成部分称为系统的基础单元(简称基元)或者系统元素。所谓最小组成部分是指不可再细分或者无须再细分的组成部分。系统的结构是元素之间一切联系方式的总和。一切联系方式是关联的抽象描述,关联包括确定性关联和不确定性关联。系统结构有以下几种:

1.框架结构(空间结构)和运行结构(时间结构)

系统处于尚未运行或停止运行的状态时,系统组成部分的基本连接方式称为系统框架结构或者静态结构。

系统处于运行过程中所体现出来的组成部分之间相互依存、相互支持、相互制约的方式,称为系统的运行结构。

2.空间结构与时间结构

系统组成部分在空间的排列或者配置方式称为系统的空间结构(spatial structure)。

系统组成部分在时间流程中的关联方式称为系统的时间结构(temporal structure)。

按照钱学森对系统的定义,描述系统还应有一定功能的整体性。凡系统都有自己的功能,这是功能的普遍性。功能只能在系统行为过程中呈现出来,功能概述也常用来刻画元素或子系统对整个系统的作用。从系统本身看,功能由元素和结构共同决定。

由此可见,在系统已从周围环境中割离出来的情况下,形式化描述系统应该是

$$System = (Elements, Structure, Functions)$$

式中:System——某一系统;

Elements——该系统的组成部分(元素、子系统);

Structure——系统结构;

Functions——系统整体性功能。

系统还可以进行逻辑框图描述,如图 1.1 所示。

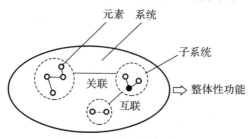

图 1.1　系统的逻辑框图

1.1.3　复杂系统

复杂系统本身就是系统,它完全符合系统的定义,即具有系统定义的三要素特征,包括系统组成的基元(组分或子系统)、内部关联和系统呈现的整体性。但复杂系统由它自身的复杂性决定。有人把复杂系统建筑在量变基础上,如图 1.2 所示,三维坐标代表着系统三要素的延伸。坐标 x 轴表示系统组成元素向无限方向扩展;坐标 y 轴表示系统的关联,表示从确定性向不确定性发展;坐标 z 轴描述系统的整体性,它表示从可推演到不可推演进展。

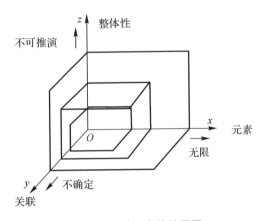

图 1.2　系统要素的扩展图

虽然上述描述很形象,并且很容易使系统的规模、关联的复杂性以及整体性的演变有直接的感觉,但什么是复杂系统,仍不能确切地界定。显然从元素的数量来区分复杂系统是难以信服的。系统组成的元素多少,只能界定系统规模的大小,例如小系统、大系统、巨系统等。系统的复杂性应该从关联和整体性着手。

(1)复杂系统是指系统的关联是没有规律可循且不确定的。因此系统随时间的变化是不可逆的,它造成系统结构变异,形成新的整体性。

(2)复杂系统是指具有整体涌现性的系统。

整体涌现性(whole emergence)定义:系统科学把整体具有的、系统组成部分及其总和不具有的特性,称为整体的涌现性。

从系统本身来看,整体的涌现性主要是由系统组成部分按照系统的结构方式相互作用、相互补充、相互制约而激发出来的,是系统组成部分之间的相干效应,即结构效应、组织效应。

整体涌现性的通俗表述,就是"整体大于部分之和"。这是贝塔朗菲借用亚里士多德的著名命题,它已被系统科学界普遍接受。

令 W 记作系统的整体,由 n 个部分组成,令 P_i 为第 i 个部分,$i=1,2,\cdots,n$,并以 $\sum$ 记作求和运算,则亚里士多德的命题可形式化表示为

$$W > \sum_{i=1}^{n} P_i$$

有人更简洁地表述为

$$1+1 < 2$$

值得指出的是,系统涌现性并不是单纯数量的问题,不能用简单的加和来描述。亚里士多德的命题表述,只是一种形象化的比喻。涌现原理的正确表述应该是:整体具有部分及其总和所没有的新的属性或行为模式,用部分的性质或者模式不可能全面解释整体的性质和模式。

由此可见,复杂系统和一般系统的区别在于系统关联的不确定性造成的整体涌现性。

由于复杂系统中元素关联的不确定性以及整体呈现的涌现性,因此不能用传统的还原论的方法去研究复杂系统。还原论方法的奠基人笛卡儿(R. Descartes)主张:整体可分解为部分,只要把部分搞清楚,就可以认清整体。这显然不适合复杂系统中存在的整体性涌现。研究复杂系统的有效方法应该是用整体论的方法,既要从局部走向整体,又要从整体走向局部。突变论的创立者托姆(R. Thom)认为:从局部走向整体是数学中的解析性概念,从整体走向局部是数学中奇异点

的概念。钱学森主张研究复杂系统的方法采用辩证逼近法,即从定性到定量的综合集成法,后来又进一步提出从定性到定量综合集成研讨体系。

§1.2　系统的边界与环境

1.2.1　系统的边界(Boundary)

系统是研究的客体,它存在于现实世界千丝万缕的联系中。要研究某一个具体的系统,就必须将它从周围的环境中分离出来,显然,分隔系统(System)和环境(Environment)就是系统的边界(Boundary),如图 1.3 所示。

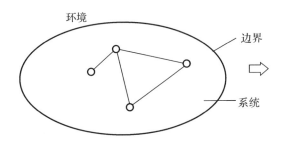

图 1.3　系统、边界、环境

从空间来看,边界是把系统与环境分开的所有点的集合,可以是曲线、曲面或者超曲面,因而又把系统边界称为系统界壳(Shell);从逻辑上看,边界是系统关联有效性的界限。

人们一旦确定了一个系统,实际上也蕴含着确定了系统的边界以及系统的环境。系统不一定有清晰的轮廓,但一定有明确的边界界定。严格来说,系统不能从环境中分离出来,否则该系统的研究就无法正确进行。

系统边界界定的方法,一般可以切断那些对目标系统影响甚小

（包括作用时间、作用大小、作用范围）或者对整体影响无关的关联。

边界的总体特征有以下几点：

（1）普遍性。边界作为系统不可缺少的组成部分，它普遍存在，可以说无处不有。因为一个系统总以其边界与环境分开，环境也会通过它对系统进行外部作用。

（2）空间特殊性。不言而喻，边界位于系统的四周，处在一个特殊的位置上，环境的外部作用（能量、质量和信息）都受它控制。

（3）对输入、输出的约束性。由于边界的存在，无论从环境到系统，还是由系统到环境都必然接受到它的制约。

（4）中介性。中介作用在信息交换中尤为明显，信息的读写转换和信息处理，都可由边界来完成。

（5）依附性。系统边界一定依附着系统，系统不存在，边界随之消失。边界的确定取决于研究系统的目标和范围，研究系统的目标和范围不同，则系统的边界也不会相同。

鉴于系统边界的中介作用，下面列出了两个边界要素及其计算模型。

1. 开放度

假定系统的边界为 B，与环境的接触面为 ι，界壁所给的面积为 ω，可以与环境交换的界门或者通边的面积为 P，则显然有

$$\iota = \omega + P$$

定义系统的边界开放度 ρ 为界门或者通边面积 P 和与环境接触面 ι 之比，即

$$\rho = \frac{P}{\iota} = 1 - \omega / \iota$$

同理，定义系统边界的闭合度 μ 为边界的界壁面积 ω 与边界的环境接触面 ι 之比，即

$$\mu = \frac{\omega}{\iota}$$

显然

$$\rho + \mu = 1$$

对于来自同一环境中不同的外部作用,如物质、能量或者信息,系统的边界开放度可能是不相同的,因此,开放度还应该区分不同的介质,即

(1)物质放开度 ρ_m;

(2)能量放开度 ρ_e;

(3)信息放开度 ρ_i。

由此可见:系统边界开放度 $\rho = 1$,表示该系统为开放系统;$\rho = 0$,表示该系统为闭关系统,即称孤立系统。

2. 交换率

交换率,即对能量、物质量或信息量通过界门或者通边的能力的度量,例如港口的吞吐量、网络中的信息流量等。

交换率的定义为存在于环境与系统的可交换量和通过界门或通边交换的实际量之比。在这里可交换量是一个抽象的概念,在实际问题中应视具体问题而定。交换显然包括输入与输出两个部分。净交换量则是输入与输出之差。输入与输出对计算机而言是极为广泛的概念。假定通过界门或者通边的实际交换量为 E_s,环境与系统的可交换量为 E_e,则系统边界的交换率定义为

$$\alpha = \frac{E_s}{E_e}$$

定义系统边界的交换速率 v 为界门或通边单位面积、单位时间进行的交换量,则系统边界交换量 E 为

$$E = vP$$

假定系统的界门或者通边有 n 个,它们对应的面积为 P_i(i 从 1 至 n),显然界门或者通边的总面积为

$$P = \sum_{i=1}^{n} P_i$$

又假定 n 个界门交换速率相等,且有 $S = S_i$,则系统边界的交换量

$$E = \sum_{i=1}^{n} v_i P_i = v \sum_{i=1}^{n} P_i = vP$$

边界的开放度和交换率可视为系统外部因素刺激的特殊控制量，对交换的量和速率进行控制。对于物质刺激，边界相当于阻挡层；对于能量的扩散，边界相当于隔离层；对于信息的传递，边界相当于安全阀或者防火墙。一个系统不同的外部刺激有不同的开放度和交换率。

假定某一个系统在时刻 T 有 m_1 个开放度 ρ_i，m_2 个交换率 α_j，记边界要素为

$$W = (\rho_1, \rho_2, \cdots, \rho_{m_1}; \alpha_1, \alpha_2, \cdots, \alpha_{m_2})^T$$

式中：$0 < \rho_i < 1 (i = 1, 2, \cdots, m_1)$；$\alpha_j (j = 1, 2, \cdots, m_2)$。

又假定系统在时刻 t 有 k 个状态变量，用公式表示为

$$Y = (y_1, y_2, \cdots, y_k)^T$$

该系统无论是线性的还是非线性的，总可以写成一阶微分方程组：

$$\dot{Y}(t) = F[t, Y(t), W(t)] \qquad (t \geq 0)$$

类似地，可写出边界变量微分方程：

$$\dot{W}(t) = E[t, Y(t), W(t)] \qquad (t \geq 0)$$

1.2.2 环境（Environment）

每个具体的研究对象（所谓系统）都是从普遍联系着的客观世界中相对地划分出来的，它与系统外部的事物有着千丝万缕的联系。有的系统元素或者子系统直接与外部联系，甚至作为整体与外部联系。外部的变化多少会影响到系统，这就是环境对系统的作用。

环境的定义：广义地讲，一个系统之外的一切事物的集合或宇宙，称为该系统的环境。令 U 为包罗万象的宇宙，S 为确定的系统，则该系统的环境 E 可表示如下：

$$E = U - S$$

实际上，不可能也不必要将宇宙中一切包罗万象的事物都考虑进

去。所以狭义的系统环境 E_s 的定义是与系统 S 有不可忽略联系的事物集合：

$$E_s = \{x \mid x \in U \text{ 且与 } S \text{ 有不可忽略的联系}\}$$

这些不可忽略的联系与系统内部组成部分之间的联系相比，应该比较弱。

环境对系统的作用，这里称为外部环境作用。系统的外部环境直接作用可称为激励。它可以分为两类：一类是直接指向系统组成和结构，例如增加或删减系统组成的数量，改变系统基元的性质，以及组成部分的相互联系，甚至影响系统的整体特征；另一类是间接外部环境作用，它是潜移默化地影响系统。系统的变化是通过系统组成部分和结构进行的，其过程往往是由量变到质变的过程。间接外部作用对系统的影响是渐变的，且该作用是通过环境与系统之间的边界进行的。因此，允许运用边界的界门或者通边来获得有效的控制。间接的外部作用也可称为外部影响（Influence）。

按照系统与环境的关系，系统可以划分出开放系统与封闭系统。同环境无任何交换的系统是封闭系统。现实系统或多或少都具有开放性，但开放程度差异极大，有些系统与外部的交换极其微弱，允许忽略不计，应看作封闭系统。封闭系统是系统开放性弱到极限时的一种特例。由于封闭系统的研究相对孤立，常被经典科学用来作为某类对象的理论模型。

考虑环境作用的系统研究是较为完整的研究，如图 1.4 所示，对于开放系统的描述应该是

$$S = (\text{Elements}, \text{Structure}, \text{Functions}, \text{Boundary}, \text{Environment})$$
$$E_s = (\text{外部刺激}, \text{外部影响})$$

同理，对于系统内部，系统的组成部分（基元或者子系统）也应该有环境作用，称之为系统内部环境。内部环境的定义：与系统某一个组成部分（基元或子系统）相关联的所有联系集合，扣除它直接相连的关联（系统已考虑的关联）。假定系统有 n 个组成部份，且记 E_{in} 为系

统内部环境,则系统内部环境由 n 个内部子环境组成,则

$$E_{in} = (E_{in\,1}, E_{in\,2}, \cdots, E_{in\,n})$$

在通常的系统中,一般有

$$E_{in\,1} = E_{in\,2} = \cdots = E_{in\,n}$$

则系统内部环境具有一致性,也就是说系统中所有的组成部分共享统一的内部环境 E_{in}。

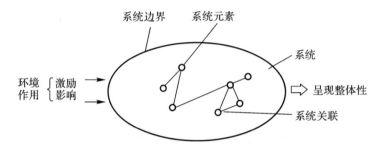

图 1.4　考虑环境作用的系统结构图

1.2.3　环境作用(Action)

内部环境和外部环境对系统或者子系统(基元)的作用,称为系统或者子系统(基元)的环境作用,来自系统外部环境的作用称外部环境作用,来自系统内部环境的作用称为内部环境作用。环境作用又分为两种,一种是激励本元的作用直接改变系统或者子系统(基元)的本质,如系统或者子系统的组成部分,它们的联系甚至整体性。激励往往是突发的,由干扰造成的。干扰的形式也可能多种多样,它改变了系统的限制、条件和前提。由于干扰的存在改变了原来系统的整体性。因此,作用中的激励,可以认为是来自系统或子系统外部的涌现根源。环境的激励不一定立即造成系统的全面崩溃,崩溃有一个过程。研究环境作用的系统或者子系统崩溃过程,是系统或子系统的逆过程,跟具体的系统有关,这里不再详述。另一种作用是环境影响,环境影响对系统或者子系统(基元)是慢变化,往往从量变到质变。环境

作用的影响有三种形式,即物质、能量与信息。

1. 环境作用的物质影响

物质的典型影响是扩散现象。由于组成物质的粒子密度不均匀,粒子从浓度高的地方迁移到浓度低的地方的现象称为扩散(Diffusion)。扩散往往是由于物质的密度分布不均匀(压强差)和它们的温度差引起的,其扩散过程相当复杂。为了简单起见,这里仅讨论温度处处相同,并且不存在由压强差引起的粒子定向流动的纯扩散。例如气体扩散,当抽开隔板将两种不同气体融合时,经过足够长的时间,通过扩散,两种气体分子就会混合在一起。扩散的过程与不同物质的分子大小、质量、形状、相互作用有关,与物质自身的扩散速率有关。扩散速率用质量流量或质量流 J 来描述。进一步可定义粒子流密度 J_n 为单位时间内单位面积上扩散的粒子数,即

$$J_n = \frac{\Delta n}{\Delta t}$$

1855 年,法国生活学家菲克(Fick)提出,在扩散过程中,粒子流密度 J_n 与粒子数密度梯度 $\mathrm{d}n/\mathrm{d}t$ 成正比,即

$$J_n = -D\,\frac{\mathrm{d}n}{\mathrm{d}t}$$

式中:比例系数 D——自扩散系数(coefficient diffusion),负号表示粒子总是向粒子密度小的方向扩散。

该规律称为菲克扩散定律(Fick diffusion law),如果扩散方向垂直的截面上 J_n 处处相同,那么菲克扩散定律又可以由质量流量表示为

$$J = \frac{\Delta M}{\Delta t} = -D\,\frac{\mathrm{d}\rho}{\mathrm{d}z}S$$

式中:S——发生扩散的截面的面积;

ρ——密度。

结合系统定义的边界及其界面,毫无疑问扩散的截面积就是边界界门的面积。不过界门对扩散有一定的控制能力,则环境的物质影响可以根据扩散的定律,描述为

$$E = \xi(-D\,\frac{\mathrm{d}\rho}{\mathrm{d}z})S$$

式中：ξ——边界界门的控制因素。

2. 环境作用的能量影响

环境作用的能量影响来自能量的传递，例如热能。由于温度的不均匀，热量从高温区向低温区传递，这种现象称热传导。单位时间内单位面积上传过能量为能量流密度 φ，即

$$\varphi = -k\,\frac{\mathrm{d}\Delta}{\mathrm{d}z}$$

$$\Phi = \varphi S = -k\,\frac{\mathrm{d}\Delta}{\mathrm{d}z}S$$

式中：k——传递系数，不同的能量有不同的传递系数；

$\quad\ \Phi$——传递能量。

例如根据傅里叶热传导定律（Fourier law of heat conductiom）测得的气体热量传递系数

$$K = \frac{I^2 R}{2\pi\Delta T}\ln\frac{b}{a}$$

式中：b——测试的圆柱长度；

$\quad\ a$——圆柱轴线上一根导线的半径；

$\quad\ R$——导线的电阻率；

$\quad\ I$——1 h 通过的电流；

$\quad\ \Delta T$——温度层。

3. 环境作用的信息影响

关于信息，控制论的创始人维纳（N. Wiener）曾经指出："信息就是信息，不是物质，也不是能量。"信息论的奠基人香农（C. E. Shannon）认为："信息是用来消除随机或不定性的东西。"在现代信息论中，比较公认的信息定义："信息就是事物运动的状态和方式"或者"信息就是关于事物运动状态和方式的广义知识"。广义知识包括语法、语义和语用三个层面。

衡量信息量的大小通常用概率商函数 $H(x)$ 来描述。若 x 具有 N 个可能的状态,分别为 $x_1, x_2, \cdots, x_N$,且状态的出现完全遵守随机方式,状态出现的概率分别为 $\rho(x_1), \rho(x_2), \cdots, \rho(x_N)$,则试验具有的信息量(概率商系数)为

$$H(x) = -\sum_{n=1}^{N} \rho(x_n) \log_2 \rho(x_n)$$

很显然,系统环境信息影响,就是环境对系统信息量的影响。假定,在环境信息影响之前,系统的信息概率商函数为 $H(X)$,而环境信息影响的概率商函数为 $H(Y)$。在系统受到环境的信息影响后,系统的信息量会发生变化。根据概率论可知,应该是影响概率下的条件概率,即为 $H(X/Y)$:

$$H(X \mid Y) = -\sum_{n=1}^{N} \sum_{m=1}^{M} \rho(x_n, y_m) \log_2 (x_n \mid y_m)$$

显然,$H(X \mid Y) \geqslant H(x)$。

于是,系统受影响后的信息量概率商函数为

$$H_1(x) = H_0(x) - H(X \mid Y)$$

系统边界界门的作用相当于对信息的控制。在信息传递中,传输过程存在干扰,原有的环境信息影响会发生变异,所以该问题类似环境信息对系统的影响,这里不再赘述。

总而言之,环境对系统作用有内部环境对系统组成部分的作用,通常包括两部分。一部分是直接作用,也被称为激励,它与关联有关;另一部分是间接作用,它要通过边界的界门实施影响,该影响分成三种形式——质量、能量和信息,用符号 E 表示,即有

$$E_s = (\text{encourage}, \text{Influence})$$
$$= (\text{encourage}, I_{\text{guality}}, I_{\text{energy}}\ I_{\text{information}})$$
$$= (e, I_g, I_e, I_i)$$

进而分别指出系统外部环境和系统内部环境的作用表达式:

$$E_s = (e, I_g, I_e, I_i)$$
$$E_{\text{subs}\lambda} = (e, I_g, I_e, I_i)$$

式中:系统不同的组成部分标记为 i,它相应的内部环境为 E_{ei},并可得

$$E_{\text{sub }i} = [e_i, (I_g, I_e, I_i)]$$

$E_{\text{sub }i}$ 包含了两部分,一部分是与组成部分直接相联系的激励(encourage),不妨干脆将这种激励作用视作联系的作用;而另一部分是内部环境影响,如果存在

$$(I_g, I_e, I_i)_{\text{inside }1} = (I_g, I_e, I_i)_{\text{inside }2} = \cdots = (I_g, I_e, I_i)_{\text{inside }n}$$

那么

$$E_{ei} = e_i + (I_g, I_e, I_i)_{\text{inside}}$$

式中:$(I_g, I_e, I_i)_{\text{inside}}$——内部环境的公共变量。

§1.3　系统的整体性及其演化

系统科学研究的核心是系统的整体性,系统科学是关于整体和整体性的基础科学。系统科学的创始人贝塔朗菲明确地指出,系统整体要区分成两种类型:一类是加和性整体,不具有涌现性,属于简单的系统;另一类是非加和性整体,具有涌现性,属于复杂系统。系统整体性是系统外部呈现的特征。

1.3.1　系统整体性和状态及其变量

研究系统整体性,主要关心的是系统所处的状态,以及状态可能的变化、不同状态之间的条件转移等。系统的行为是通过状态取得、保持和改变来体现的。在定量分析中,系统状态是用一组称为状态量的参量来表征的。例如:质点系统的力学运动状态用质点的质量、位置、动量等参数来表示;社会经济系统的运行状态可用国民经济总产值、国民平均收入、价格比等参数来表征。给定这些参量的一组数值,就是给定了该系统的一个状态,这些量的不同取值就代表原有的不同状态。

由于状态量可以取不同的数值,允许在一定范围内变化,故称为状态变量。整体性最简单的系统只有一个状态变量,用 x 表示。一般系统状态变量较多,需要一组多变量参数来描述。设系统有 n 个状态变量,$x_1, x_2, \cdots, x_n$。为简化起见,引入状态向量的概念定义为

$$\boldsymbol{x} = \begin{bmatrix} x_1 \\ x_2 \\ \vdots \\ x_n \end{bmatrix}$$

式中:$x_i (i = 1, 2, \cdots, n)$——状态变量;

$\qquad n$——状态变量的维数。

同一系统的状态变量的维数 n 可以有不同的取值,但必须充分反映系统的整体,具体的要求如下:

(1)客观性:具有现实意义,能反映系统的真实属性。

(2)完备性:n 足够大,能全面刻画系统的特性。

(3)独立性:任何状态量都不是其他状态量的函数。

当然,对研究系统来讲,状态维数 n 的取值应在上述条件下尽可能地减少。维数是一个极为重要的现代科学概念,研究系统应采取多维度、全维度的方式,这样才是比较全面和客观的。

状态变量一般是实变数,原则上可以在 $(-\infty, \infty)$ 范围内任意取值。但现实的系统往往把状态变量限制在一定的范围内,如以 $a_1 \leqslant x_1 \leqslant b_1$,$a_2 \leqslant x_2 \leqslant b_2, \cdots, a_n \leqslant x_n \leqslant b_n$ 表示的限制范围,每一个限制范围称为相空间。系统所有状态变量的相空间的集合称为系统的状态空间。

1.3.2　状态变量的演化

在研究系统空间状态中,中心的课题是把握系统状态的演变规律,描述静态系统的主要关系。向量形式的输入量和输出量的对应关系:

$$\boldsymbol{q} = f(\boldsymbol{x}, \boldsymbol{c})$$

式中：x——给定输入向量；

q——输出向量；

c——控制向量；

f——输出对输入的响应函数。

静态系统概念基于这样一个假设：系统状态的转移可以在瞬间完成。在实际系统中系统从甲状态转移到乙状态是不可能突变的，总是有一个转移过程。

在一般情况下，存在状态转移过程的系统称为动态系统。动态系统的转移状态数学模型通常称为系统演化的动力学方程，或称系统演化方程。刻画演化方程时会有时间因素的状态变量 $x(t)$ 的一阶导数 $\dot{x}$（瞬间速度）、二阶导数 $\ddot{x}$（瞬时加速度）。

对于时间 t 可以连续取值的连续系统，其状态变量是时变的连续函数。它的演化方式为微分方程，其一般形式为

$$\left.\begin{aligned}\dot{x}_1 &= f_1(x_1,\cdots,x_n;c_1,\cdots,c_m)\\ \dot{x}_2 &= f_2(x_1,\cdots,x_n;c_1,\cdots,c_m)\\ &\vdots\\ \dot{x}_n &= f_n(x_1,\cdots,x_n;c_1,\cdots,c_m)\end{aligned}\right\} \tag{1-1}$$

式(1-1)表示状态演化的动态量 $\dot{x}$（$\dot{x}$ 的变化速度）由 n 个状态向量共同决定。用向量形式表示：

$$\dot{x} = f(x,c)$$

系统状态仅在一些离散时间上出现或者观察到的系统，称为离散系统。描述这类对象需要引入离散时间概念，即只能在分立的实数点序列上取值时间，如按年、月、日、时、分、秒等分立时刻取值。例如以年为单位统计人口，人口演化就是被表示为一个离散的动力学系统。通行的做法是一个时间参考点，记作 0 时刻，以后的时刻记为 $1,2,\cdots$，n。两个时刻 t 与 $t+1$ 之间的系统状态变化不考虑。离散系统的演化方程一般用差分方程来表示：

$$x(t+1) = f[x(t),c] \tag{1-2}$$

在已知 t 时刻的状态变量 $\boldsymbol{x}(t)$ 时,可由式(1-2)推算出 $t+1$ 时刻的状态变量 $\boldsymbol{x}(t+1)$。

无论是连续系统还是离散系统,上面论述的状态变量仅是时间单变量。如果系统的状态变量除了与时间有关,还与空间的位置有关,那么此系统状态变量就变成双变量,即 $\boldsymbol{x}(r,t)$,其演化过程还要涉及状态变量在空间的变化速率,系统的动力学行为还需用偏微分方程描述,本书不再详述。

考虑到系统受到环境的作用,包括环境的激励和环境的影响,连续系统的状态演化公式为

$$\dot{\boldsymbol{x}}=f(\boldsymbol{x},\boldsymbol{c})+E(t)$$

离散系统的状态演化公式为

$$\boldsymbol{x}(t+1)=f\left[\boldsymbol{x}(t),\boldsymbol{c},E(t)\right]$$

1.3.3　状态的响应函数

响应函数 f 是状态的固变量与自变量之间的依赖关系。状态响应函数可以分为确定性和不确定性两大类别。

1. 确定性状态响应函数

在状态转移的过程中,如果因变量和自变量之间存在着不变的比值,那么该状态函数称为线性函数;如果因变量和自变量之间可以用确定的数学公式来描述(一定比值的关系除外),那么称该状态函数为非线性函数。如经典力学描述的简谐运动方程,它可以运用于现代科学中自组织现象:

$$\dot{x}=-\alpha x-\beta x^3$$

再例如著名的逻辑斯蒂方程,它常用来描述生态学中的虫口模型以及经济或文化领域的动力学现象:

$$x_{n+1}=\alpha x_n(1-x_n)$$

其等价形式为

$$x_{n+1}=1-\lambda x^2$$

用线性与非线性数学模型描述的系统状态响应函数来表示线性系统或非线性系统。它们本质的区别是基本特征是否满足叠加原理，即系统的输出响应特性、状态响应特性、状态转移特性中至少存在一项不满足叠加原理就可确定该系统是非线性系统。

2. 不确定状态响应函数——随机性

真实系统大都存在某些不确定性，确定性系统不过是不确定性可以忽略不计的系统的简化模型。真实系统存在多种形式的不确定性，其中极其重要的且研究相当成熟的是随机性这种不确定性。

随机性可能通过以下三种形式进入动态系统：

(1)具有随机初始条件的动态系统。虽然系统的数学模型是确定型微分方程，但它的初始值是随机数，该随机数的分布已知，根据概率论，该随机变量的概率特性就全部可以获得，特别是数学期望和方差，那么不确定性问题就可以变成最大可能的确定性问题来处理。例如统计力学中保守系统的动力学行为研究，空间弹道分析问题等，就是早期研究随机微分方程的典型实例。

(2)具有随机参量的动态系统。随机性进入动态系统数学模型的另一种方式，即动力学方程的系数全部或者部分为随机数，导致系统的动力学规律具有随机性。一般的形式为

$$\dot{x} = f\left[x(t), t, \varphi(t, \omega)\right]$$

式中：$\varphi(t, \omega), t \geqslant 0$——方程的随机系数。

最简单的是一维线性系统，即

$$\dot{x} = \eta x$$

式中：η——随机系数。

(3)具有随机作用项的动态系统。这是随机性进入动态系统数学模型的又一种形式。它是在确定性动力学方程中加上随机作用项 $\xi(t)$，一般形式为

$$\dot{x} = f(x, t) + \xi(t)$$

典型的实例是描述布朗运动的朗之万方程：浸泡在液体中的一个粒子(布朗粒子)受到周围液体的随机碰撞作用，可以粗略地将其比作

球场上的足球。球速 v 取决于两种作用：一个是摩擦力 $-\gamma v$，γ 代表摩擦因数，负号表示摩擦力起阻止足球运动的作用；另一个是代表球员给足球的随机冲击力 $\varphi(t)$。根据力学原理，足球的运动方程为

$$m\dot{v} = -\gamma v + \varphi(t) \qquad (1-3)$$

式中：m——足球质量。

以 m 除式(1-3)，得

$$\dot{v} = -\frac{\gamma}{m}v + \frac{\varphi(t)}{m}$$

实际的系统随机性，可能同时包括初始条件的随机性、系数的随机性以及作用项的随机性。

3. 不确定状态响应函数——模糊性

模糊性是不确定状态响应函数的另一类形式，它类似概率不确定性的概念。在模糊数学中，建立了模糊的隶属函数特征值，特征值的取值在 $[0,1]$ 范围内。当取值为 0 时，该变量不属于设定的范围；当取值为 1 时，表示该变量 100% 属于设定的范围；当取值在 $0\sim1$ 时，表示该变量隶属设定范围的程度。

模糊隶属函数是模糊数学的核心。有了它就很容易地将传统的经典集合论问题推广到模糊领域中。也就是说，任何模糊的数学问题可以通过分解用普通集合论数学方法来处理。模糊数学是模糊的扩张原则，经典集合论是模糊的分解定理。可见，模糊数学与经典集合论有一致的数据概念，那就是经典集合论是模糊数学在模糊变量的隶属函数取值为 t 时的特例。

考虑状态转移函数 $y = f(x)$，其中 $x \in X$，$y \in Y$，f 是 X 到 Y 的一个映射，即 y 是在 f 条件下 x 的象。当然也可以引入模糊集 A，隶属函数 $\mu_A(x) \in [0,1]$。

$$A = \{x, \mu_A(x)\}$$

根据扩张原则

$$f(A) = f(\{x, \mu_A(x)\})$$
$$= \{f(x), \mu_A(x)\}(x \in X)$$

若用模糊集 A 代替状态转移函数中的 x,则有

$$y = f(A) = \{f(x), \mu_A(x)\}$$

4. 不确定状态响应函数——未知依赖性

这是一种更为一般的情况,状态函数的输入与输出关系未知,但允许凭经验与学习摸索它们之间的依赖关系。

假定不确定状态响应函数的输入变量为 x,它对应的输出变量为 y,它们之间存在着未知的依赖关系,即遵循某一未知的联合概率 $F(x, y)$。学习问题就是根据 n 个独立同分布观察样本:

$$(x_1, y_1)$$
$$(x_2, y_2)$$
$$\vdots$$
$$(x_n, y_n)$$

在一组函数 $\{f(x, \omega)\}$ 中,索求最优的函数 $f(x, \omega_i)$,即对依赖的关系进行评估,使期望的风险最小,并有

$$R(\omega) = \int L[y, f(x, \omega)] \mathrm{d}F(x, y)$$

式中:$\{f(x, \omega)\}$——样本预测集;

$\omega \in \Omega$——该函数的广义参数;

$L[y, f(x, \omega)]$——由于用 $f(x, \omega)$ 对 y 进行可能的选择而可能造成的损失函数。

根据上述的思路进行的机器学习选择,可以有三类不同的形式,即模式识别、函数逼近拟合和概率密度估计。不同类型的机器学习有不同形式的损失函数。

二值取向的模式识别问题,是假定状态响应函数的输出 y 只有两种取值 $y = \{0, 1\}$,并令 $f(x, \omega)(\omega \in \Omega)$ 为样本的指示函数集合(该集合中只有 0 或者 1 两种取值)。假定损失函数 $L[y, f(x, \omega)]$ 有如下定义:

$$L[y, f(x, \omega)] = \begin{cases} 0 & y = f(x, \omega) \\ 1 & y \neq f(x, \omega) \end{cases}$$

通常称样本指示函数给出的结果与状态响应函数的输出 y 不同的情况为分类错误。

在函数逼近拟合中,输出变量 y 为单值的连续变量,它是输入变量 x 的状态响应函数,此时的损失函数可以定义为

$$L[y, f(x,\omega)] = [y - f(x,\omega)]^2 \tag{1-4}$$

即采用最小平方误差准则。这样,函数逼近拟合的问题就是在联合概率 $F(x,y)$ 未知而样本集合已知的情况下,将式(1-4)代入期望风险公式,求其最小值。

在概率密度的估计方式中,机器学习是根据学习样本确定的 x 的概率分布,记估计的密度函数为 $\rho(x,\omega)$,则损失函数可定义为

$$L[\rho(x,\omega)] = -\log \rho(x,\omega) \tag{1-5}$$

待求的密度函数要在式(1-5)表达的损失函数情况下使期望风险最小化。

值得注意的是,样本采集非常有限,即联合概率 $F(x,y)$ 不完整,因此期望风险无法有效计算并进行最小化。在实际运用过程中,人们往往凭经验利用有限样本集进行处理。从数学的范畴讲,就是用概率论中的大数定理,采用算术平均来代替期望风险式中的数学期望,即

$$R_{\text{emp}}(\omega) = \frac{1}{n} \sum_{i=0}^{n} L[y_i, f(x_i, \omega)] \tag{1-6}$$

于是用式(1-6)来逼近期望风险,称之为经验风险。经验风险最小化原则(Empirical Risk Minimization, ERM)就是指用对参数 ω 求经验风险 $R_{\text{emp}}(\omega)$ 的最小值代替求期望风险 $R(\omega)$ 的最小值。经验风险最小化原则是目前大多数模式识别方法的应用基础。

事实上,从期望风险最小化到经验风险最小化并没有可靠的理论依据,只是人们直观上的合理做法。首先,概率论的大数定理只说明了(在一定条件下)当样本趋于无穷多时,$R_{\text{emp}}(\omega)$ 将趋近于 $R(\omega)$。其次,它也没有保证 $R_{\text{emp}}(\omega)$ 和 $R(\omega)$ 的最小化,趋于同一值。但是,样本愈多,二者愈趋于一致。

§1.4 系统的涌现与突变

1.4.1 涌现的定义

涌现首先是一个定性问题。实质是指整体具有部分或者部分之和所没有的性质、特征、行为、功能等整体特质或系统表征。它不能用大于、等于或者小于等量化关系来表达。涌现性包含了非加和性而不等于加和性。涌现原理的正确的表述应该是："整体具有部分及其总和所没有的新的属性或行为的模式，用部分的性质或者模式不可能全面解释整体性质的模式。"揭示整体的涌现性，不问它如何产生的演化，只要通过比较整体和部分的异同即可。显然，上面对涌现的表述不是它确切的定义。什么是涌现？圣培菲最富创造性的学者霍兰（Holard）早就指出："像涌现这么复杂的问题，不可能只是服从一种简单的定义，我也无法提供这样的定义。"在目前的情况下，摒弃追求精确的涌现定义，来研究涌现呈现的特征是唯一可行的办法。涌现现象至少具有以下特性：

（1）涌现的普遍性。从物质世界到生命世界，从自然界到人类社会，从社会活动到精神活动，涌现现象无处不在。生命、意识、创造就是最神奇的涌现现象。

（2）涌现的系统性。发生涌现现象的事物不仅包含大量组成部分，而且涉及组成部分的相互作用、不同层次的互相影响，以及新组成和新层次的形成。这些都是系统的质变现象。

（3）涌现的恒新性。涌现预料、出其不意、突变是涌现的一个重要特征。

从系统结构来看，耗散结构理论的创导者普里高津（I. Prigogine）、贺根（H. Haken）等人认为，系统在平衡结构中达到的有序状态

是一种死结构:若是打破平衡,这种有序就变成了无序;若再加以外界
影响,使系统逐步远离非平衡区,无序就可进化为有序,形成新的系
统。系统的发展就是否定之否定过程,如图 1.5 所示,涌现是寄寓于
系统的发展过程之中。

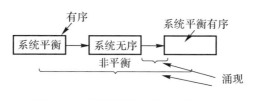

图 1.5　系统发展的否定之否定过程

1.4.2　涌现的产生机制

系统整体的涌现来自哪里? 它们是如何产生出来的呢? 20 世纪
科学的发展,特别是 21 世纪系统科学进一步成为研究的重点和热点
以后,这个问题获得了初步的答案。

1.非线性相互作用

系统整体涌现性的来源,归根结底在于系统(基元或子系统)组成
部分之间、层次之间、系统与环境之间的相互作用。换言之,涌现性是
组成部分之间、层次之间、系统和环境之间互动互应激发出来的系统
整体效应。把整体分割为部分,意味着组成部分之间、层次之间的联
系被切断,相互作用不存在了,激发效应便无从谈起;组成部分之间没
有互动互应的整体不称其为系统,整体与环境也无从谈起。正因为如
此,系统一旦被孤立、静止地来研究,整体涌现性便不复存在。

正如 1.4.1 节叙述的那样,系统的作用可以论述为系统的演化,
描述系统演化的状态响应函数有线性与非线性之分,非线性状态响应
函数还包含了确定性和不确定性两类。一般来说,只有非线性状态响
应函数的相互作用才能产生涌现。

2.差异的整合

涌现的前提是存在多样性和差异性,特别是系统内部的种种差异

现象。系统只有一个组成部分不成为系统。系统的组成部分愈多,愈容易出现涌现的现象。组成部分品种单一的系统,其产生的涌现现象也相对单一和贫乏。系统的组成部分品种愈多,彼此的差异性愈大,即异质性显著的系统更能够产生丰富多彩的整体涌现现象。

注意,多样性和差异性不会直接转变为涌现性,涌现性必须经过必要的整合或者组织才能有条件地产生。这就是所谓的结构效应和组织效应。大量的系统组成部分群集在一起,杂乱无章地相互作用,毫无次序,这样只能产生纯粹意义上的整体涌现性,且只属于结构效应,不能产生组织效应。若组成部分有序地整合在一起,即在外在强制作用下,组成部分组织起来形成有序结构,产生组织效应,此时,整体的涌现就能突显。

组织效应有正面和负面之分。正面的组织效应将使系统组成部分之间互补互惠、协同行动、相互促进、和谐共生,而负面的组织效应将造成系统组成部分相互掣肘、拆台。

系统存在着层次性。简单的系统只有基元和整体两个层次,将系统部分整合起来,即可直接获得整体性及其涌现性,这样的涌现性必定是简单、平庸的。而较复杂的系统都具有多层次性,从基元层次到整体层次的涌现不可能一次整合就能完成,而需要经过多次函数整合、函数涌现才能完全实现从基元到系统的质变飞跃。

在这种函数整合过程中,每一次整合形成一个新的层次,k 次整合形成一种具有 k 个高低不同层次的系统,低层次系统支撑高层次系统,高层次系统管束低层次系统。通常把 $k \geqslant 3$ 的系统称为具有等级层次结构的系统。在一个具有等级层次结构的系统中,每一层次有自己的层次系统整体性及其涌现性。只有最高层次的系统整体性才能呈现整个系统的涌现。

3. 信息作业

无论系统整合的结构效应还是组织效应,都离不开信息作业。系统组成部分之间、层次之间以及系统与环境之间都是通过一定的信息作业来实现的。所谓信息作业或者信息运作,是指信息的采集、传输(包括发送与接收)、处理(包括存取、转录、增殖、积累、消除、运算等)和应用。系统的生成、维持、运行(发挥功能)和演化都依赖于信息作业,研究系统的一个极为重要的视角就是要认真考察有关的信息作业。

涌现是结构和组织的产物。信息是整合或组织的结果。它通过增加新信息,或者改变信息原有形态,或者消除旧信息,从而激发出涌现性。产生整体涌现性的根源在于信息不守恒。

4. 环境的条件

系统生成于环境之中,系统的发展、演化甚至涌现自然离不开环境的作用。因此,不能只从系统内部来研究它的涌现问题。环境对系统施加一定的限制和驱动,迫使系统以适应环境的标准来整合其组成部分,组织自己、改变自己,这就是系统的自适应性和自组织能力。

值得注意的是,环境在塑造系统的同时也或多或少被系统改变着,相应地也改变了环境对系统的后续改造。系统和环境是互相塑造的,在互相塑造中追求平衡点,以求达到共生共荣。

1.4.3 涌现的数学描述——协同学理论

1977 年,哈肯(Haken)在耗散结构理论的基础上,正式提出了协同学理论。他从动力系统的角度出发来研究系统从无序状态到有序状态的规律,从而为系统的整体涌现性提供了较为完善的数学解决方法。

协同学是解释非平衡系统相变和自组织的科学。Haken 说:"协同学是一个跨学科的科学,它研究系统中子系统之间是怎样合作产生宏观空间结构、时间结构或功能结构。"实际上,上面所说的"宏观的空间结构、时间结构或功能结构",就是通常说的"自组织"。简单来说,就是在协同学研究的系统中,子系统怎样通过协同使系统从无序达到有序,或从一种有序达到另一种有序。协同学的基本思想:生命和非生命的开放系统内的各个子系统,当它们处于远离平衡状态的条件下,就会通过非线性的相互作用而产生协同作用和相干效应,在一定的范围内,通过演化(涨落)而达到一定的临界点,可以通过自组织使系统从无序到有序,使旧的结构系统发展成在时间、空间、功能等诸方面都发生根本变化的新结构系统。从无序向有序转化的关键并不在于热力学平不平衡,也不在于离开平衡状态有多远,而在于大量子系统的非理性相互作用。

协同学研究的核心是复杂系统宏观特征的质变—涌现现象。

1. 涌现的数学描述

假定系统为以状态向量 q 描述的动力学系统,设系统具有 n 个分量

$$q = [q_1, q_2 \cdots, q_n]$$

其状态向量 q 不仅依赖于时间,它还依赖于空间,即 $q_j = q(x, t)$,x 是空间坐标向量,$x = [x, y, z]$。

对于不同的应用领域,q 表示不同的含义,比如 q_j 的含义可以为密度 $\rho(x, t)$,可以是速度场 $v(x, t)$,温度场 $T(x, t)$。它们都同时依赖于时间和空间。

在协同学中,系统状态向量 q 是按下述形式随时间演化的:

$$\dot{q}(x, t) = N[q(x, t), \nabla, \alpha, x] + F(t) \tag{1-7}$$

其中:$\dot{q}(x, t)$ 是状态向量 q 关于时间 t 的一阶导数,x 是空间坐标向量,$x = (x, y, z)$;N 是函数向量,它依赖于系统的状态向量 q;在连续函数中,例如连续扩展的介质,因而也会出现微分算子 ∇,$\nabla = (\alpha/x, \alpha/y, \alpha/z)$;系统受到外部控制的约束,这些控制参数用 α 表示。一般来讲,N 也可能依赖以 x 表示的空间非均质性;函数 $F(t)$ 表示来自系统内部或者外部的各种涨落力,多数情况下,涨落力可以被忽略,而某种情况下,涨落力又起着决定性作用。

一般情况下,式(1-7)动力学溶化方程是不能解的。但按协同学的观点,当一个系统仅被外部微弱驱动时,会有一个独立于时间的状

态 q_0。在均质的系统里,甚至可以假设空间也是独立的,即存在

$$\alpha_0 \Rightarrow \alpha \qquad\qquad (1-8)$$

当外参数从 α_0 改变到 α,系统状态也会发生质的变化。为了检验式(1-8)的稳定性,作如下假设:

$$\alpha \Rightarrow \boldsymbol{q}(\boldsymbol{x}, t) = q_0 + w(x, t)$$

式中:$w(x,t)$ 代表 $\boldsymbol{q}$ 的微小变化,并代入演化方程,忽略暂态的涨落,并将非线性函数 $\boldsymbol{N}$ 扩展为 ω 的幂函级在 q_0 展开,则有:

$$\boldsymbol{N}[q_0 + w(x, t)] = N(q_0) + L(w) + \hat{N}(w) \qquad\qquad (1-9)$$

式中:$\hat{N}(w)$——一个包含 w 的二次幂和或者高次幂的非线性函数;

$\qquad L$——矩体。

因为仅研究不稳定性刚开始时发生的情况,可假设 w 是很小的,可忽略式(1-9)中的非线性项。由于假设 q_0 为非静态体,它只随着外参数 α 而改变,可以有

$$\dot{q}_0 = \boldsymbol{N}(q_0) = 0$$

应用线性稳定性分析,可只保留:

$$\begin{cases} \dot{w} = Lw \\ L = L(L_{ij}) = \left(\dfrac{\partial N_i}{\partial g_i} \bigg|_{q=0} \right) \end{cases}$$

具体的一般形式为

$$w = e^{\lambda t} \nu(x)$$

假定 L 的特征值 λ 是非退化的,否则 ν 可能会有 t 的幂。为了简化起见,可以把注意力集中在非退化情况。用下标 j 区别各特征值和特征向量,并记为 λ_j,$\nu_j(x)$。

现在,再考虑有涨落情况下的非线性方程

$$q = q_0 + \sum_j \xi_j(t) \nu_j(x)^- \qquad\qquad (1-10)$$

将式(1-10)代入

$$\begin{cases} \dot{q}(x, t) = N[q(x, t), \nabla, \alpha x] + F(t) \\ N(q_0 + w) = N(q_0) + L(w) + \dot{N}(w) \end{cases}$$

则有

$$\sum_j \dot{\xi}_j(t)\nu_j(x) = \sum_j \xi_j(t)L_j\nu_1(x) + \left[\sum_j \xi_j(t)\nu_j(x)\right] + F(t)$$

$$(1-11)$$

可以证明,有可能构造一个具有如下性质的伴随函数 $\nu_k{}^+(x)$ 集合

$$<\nu_k^+\nu_j> = \int \nu_k^+(x)\nu_j(x)dv = \delta_{kj}$$

$$\delta_{ij} = \begin{cases} 1, k=j \\ 0, 其他 \end{cases}$$

用 $v_k^+(x)$ 乘式 $(1-11)$,并对空间求积分,并应用如下性质和定义:

$$L\nu_j(x) = \lambda_j\nu_j(x)$$

$$\int \nu_k^-(x)F(xt)dv = F_x(t)$$

$$\int \nu_k(x)\hat{N}\left[\sum_j \xi_j(t)\nu_j(x)\right]dv = \widetilde{N}_k[\xi(t)]$$

则有

$$\dot{\xi}_k = \lambda_k\xi_k + \widetilde{N}(\xi_j) + F_k(t) \qquad (1-12)$$

可根据 λ_j 的实部符号,将式 $(1-12)$ 分为两种情况:如果实部非负,相应的组态为稳定模;根据协同学的支配原理,系统演化的结构只取决于非稳定模,称非稳定模的 ξ 为序参数。因此,可以用序参量来讨论系统的稳定性。

2. 涌现的协同学处理原则

在研究和处理涌现时,根据协同学的基本思想和数学模型的概念,有以下原则值得遵循。

(1)支配原则(原理)。

对于由大量子系统组成的巨大系统来说,基本的演化方程中包含的变量数目巨大,即基本的演化方程的维数很高。要处理这种高维的方程,实际上是不可能完成的。因此,如何对维数巨大的基本演化方

程进行简化,以适当的低维方程来近似描述原系统,这是协同学的一个重要研究内容。为此,协同学发展了微观方法的基本原则——支配原则。支配原则(原理)包括绝热消去原理、慢流形定理和中心流形定理三个方面的内容,核心是绝热消去原理。

协同学把表征子系统状态及它们之间的耦合的所有量的临界行为分为两类,一类临界行为是临界处阻尼大衰减很快的快弛豫参量,它们在临界过程中此起彼伏、活跃异常,但它们对系统演变过程的性质并不起主导作用,而处于次要地位。系统中的变量成千上万,但绝大多数的状态变量的临界行为都是这类快弛豫参量。另一类临界行为是慢弛豫参量,慢弛豫参量在临界点的行为与快弛豫参量在临界点的行为未见明显的区别,但当系统达到临界点时,它们出现了临界无阻尼现象(这往往是因为环境条件和边界条件对它们生长有利)。慢弛豫参量极少,但却驱使其他快弛豫参量加速运动,引起系统演变或突变,演变的最终状态是结构发生质变。涌现由它们决定。

绝热消去原理是指当系统处在阀值时,有序结构形成的速度很快,外界对系统的影响可以忽略,而在系统内部忽略相对衰减很快的快弛豫的变化,所以使方程大大简化,也就是用慢弛豫参量表示(或近似表示)所有快弛豫参量,最后简化成仅存慢弛豫参量的方程——序参量方程。这样的处理不仅消去了大量自由量,使方程易于求解,而且深刻地反映出子系统之间协同作用产生了序参量,序参量又支配着子系统的运动,使系统出现整体的有序运动状态。

在研究系统的演化序列过程中,协同学又发展了慢流形定理和中心流形定理。这两个定理都是针对系统在相空间轨道而言的。慢流形是指代表着系统的演变结果的那些稳定的吸引子流形,相当于系统中的慢弛豫参量的轨道。慢流形定理告诉人们,如果相空间存在快流形和慢流形,系统最终会稳定地运动到慢流形上。中心流形定理是指在中心流形轨道上,系统的行为属于中性,即对外界的扰动既不放大也不缩小,瞬时状态相当于指数增大和指数衰减之间的边缘状态,如果出现这种情况,系统会稳定在中心流形上。

(2)序参量的决定性原则。

协同学将慢弛变量(支配模)称为序参量,并认为事物的涌现受到序参量的控制,涌现的最终结构和有序程度取决于序参量,这就是序参量决定性原则。不同系统的序参量的物理意义也不同。比如,在激光系统中,光场强度就是序参量;在化学反应中,取浓度或粒子数为参序量。在社会学和管理学中,为了描述宏观量,往往采用"测验"调研或搜索表决定方式来反映对某项"意见"的反对或赞同,此时,反对或赞成的人数就可作为序参数。序参数的大小可以用来标志宏观有序的程序。当系统处于无序时,序参量为 0;当外界条件变化时序参量也变化;当外界条件到达临界时,序参量增加至最大,此时出现一种宏观有序、有组织的结构。

支配原则的应用说明,系统的演化是从无序转变到有序以及从有序转变为更复杂的有序过程;系统在形成新的自组织过程中,总是由序参量支配其他稳定模而形成了一定结构和序,并且序参量起着主导作用,如果不存在序参量的支配中心,系统将处于混乱状态。因此,序参量的地位和作用是显而易见的。

在平衡相变理论中,序参量是指表征相变后的系统有序的性质和程度,在相变前的旧结构下,序参量为零,自相变点起,序参量取非零值。

协同学的序参量有如下特点:

1)由于协同学研究的是由大量系统的组成部分构成系统的宏观行为,所以引入的序参量是宏观参量,用于描述系统的整体行为(状态变化)。

2)序参量是微观子系统集体运动的产物和合作效应的表征。

3)序参量支配子系统的行为,支配着系统演化过程,直至系统出现涌现。

(3)势函数。

这里引入势函数 V 的概念,如图 1.6 所示。

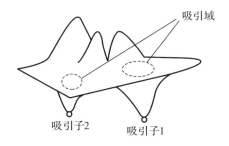

图 1.6 势函数 V

数学的势函数定义为

$$V = -\frac{\partial v}{\partial \xi} + F$$

势函数可以看成是一个有山有谷的地形图,每个谷底表示一个稳定不动点,而每个山峰顶部表示一个不稳定不动点。由于稳定不动点看起来能吸引"粒子",称为吸引子。山背上的最小高度点可以说成是鞍点(Saddle Point)。势函数场景的所有"粒子"都会被吸引子所吸引,具有最强吸引力的是处于巅峰上的粒子,最终所有的粒子被吸引到处于稳定不动点的最小值,系统达到新的有序稳定。

将势函数引入涌现的状态方程中,同样很方便地确定有序的发展方向。

§1.5 系统的自组织

本节来研究系统在环境的作用下所发生的演化(涌现)。系统与环境之间的作用是互动的,系统在环境的作用下发生变化,变化了的系统反过来也影响环境。正是在这种互动互应的过程中,系统不断地试探、学习和自我评价,寻找新的结构和行为模式,接受环境的评价和选择,这就是系统的自组织过程。自组织过程必定是一种动态过程,它包括自适应、自生长、自复制、自创生等具体组织过程。

1.5.1　自组织原理

自组织理论的基本信念：尽管世界上的万物千差万别，但必定存在着普遍起作用的研究对象的生存过程，即系统自组织原理。系统自行组织起来的结构、模式、形态，或者它们所呈现的特性、行为，这些不是系统组成部分所固有的，而是结构效应和组织效应的结果。因此，系统的自组织是系统涌现的前提。

一个与环境没有任何交换的封闭系统不可能出现系统自组织行为。对环境开放，形成环境的作用，与外界进行物质、能量、信息交换，即系统与环境直接和间接作用（环境激励和影响）才可能产生系统自组织行为。

普利高津的总熵变公式

$$dS = d_iS + d_eS$$

科学地论证了系统开放性是系统自组织的必要条件。

如图 1.7 所示：d_iS 是系统内部混乱性产生的熵，称为熵产生，耗散系统保证该熵产生为非负量，$d_iS \geqslant 0$；d_eS 是系统通过与环境作用交换来的熵，并称为熵交换（熵流），可正、可负。因此有以下几种情况：

（1）$d_eS = 0$，系统是封闭的，与外界没有交换，内部的熵产生使系统混乱程度不断增加，不可能出现自组织，只可能产生组织退化；

（2）$d_eS > 0$，系统与外界交换得到的是正熵，总熵变 $dS > 0$，系统以比封闭状态下更快的速度增加混乱程度，不会发生自组织。

（3）$d_eS < 0$，系统从环境中取得的是负熵：

1）系统从环境中得到的负熵不足以克服系统内部熵的增加，即 $|d_eS| < d_iS$，总的熵变为

$$dS = d_iS + d_eS \geqslant 0$$

该系统仍不会产生自组织；

2）系统从环境中得到的负熵大于内部的熵增加，总熵变 $dS < 0$，系

统出现减熵过程,即形成自组织过程。

$$d_i \geq 0$$

图 1.7　系统自组织的必要条件

　　上面的论证表明:系统的开放性是自组织的必要条件,封闭系统不可能出现减熵运动;但是开放只是自组织的必要条件,不能错误地认为系统与环境作用,就必定形成自组织过程。如果从外界获得的是正熵,那么系统有序结构更快瓦解;如果从外界获得负熵,其值不足以克服系统自身熵的增加,那么系统仍然不能出现自组织,且只有从外界获得的负熵足以克服系统的熵产生,才能保障系统出现自组织。

1.5.2　系统的自适应

　　适应与不适应是刻画系统与环境的概念。从外部看,适应意指系统与环境进行物质、能量、信息交换,是以一种稳定、有序的方式进行的。从内部看,适应意指系统的组成部分以一种稳定、有序的方式彼此合作竞争、互动与互应。系统与环境进行稳定有序的交换,组成部分之间稳定有序的互动互应,这两方面互为因果。一旦这种稳定有序的方式被破坏,系统就处于不适应环境的状态,或者变革自身以重新适应环境,或者被迫解体。如果系统对环境的适应是靠自己的力量建立和维持的,这就是系统的自适应。

　　自适应有多种表现,最简单的自适应是自镇定。系统处于稳定状态,标志着系统与环境相适应。干扰作用造成的瞬态,表示系统与环境不适应,克服干扰使系统回到稳定状态代表系统从不适应到适应的演化。自镇定是一种平庸的自适应行为。

　　适应与不适应是相对而言的。系统原本适应环境,由于环境的变化,或者系统的变化,或两者都变化,导致系统与环境不再适应。起初系统只需要作些调整(不涉及定性变化)即可恢复适应;当变化达到一定阀值时,系统只有抛弃原有的结构方案或行为模式,建立新的结构方案或行为模式,才能重新适应环境。这是公认的自适应问题。自适应系统的著名例子是贝纳德流,如图1.8所示。

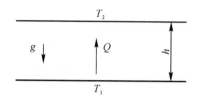

图 1.8　贝纳德流示意图

如图 1.8 所示,液体的厚度为 h,它由上、下两块平板与环境隔开,并假定 h 比平板的尺度要小很多,理论上可视作无限宽的平板。起初平板上、下的温度差为 0,二者的温差 $\Delta T = T_1 - T_2 = 0$,此时系统处于处处均匀,而且宏观上处于静止的平衡态。这是一个稳定态,表示系统与环境相适应。平衡态的特征表明系统的组成之间只有液体分子半径范围内的关联,即宏观尺度上,液体分子处于无组织状态。现在开始从平板底部加热,即 $T_1 > T_2$,液体上、下出现的温差 $\Delta T \neq 0$,液体完全保持原状态则不再适应环境,但也无须大变,只要考虑从下到上的热传导 Q,系统仍保持近似的平衡态,此时,仍可认为系统与环境相适应。液体内部的分子还是无组织,它们的运动轨迹没有确定的图像。当温差增加到一定的阀值,即 $\Delta T = \Delta T_{c1}$,近平衡态已从本质上不再适应环境,必须对液体分子在宏观尺度上组织建立全新的结构,才能适应环境,这时就出现了贝纳德花纹的组织结构,如图 1.9 所示,横截面的贝纳德花纹呈规则的六角形对流元胞,尺度约 1×10^{-1} cm,已属宏观构形。从竖截剖面上观察到的每一个元胞内的分子都被组织起来,协调有序地从下到上按同一方向流动。到达顶部的分子由于重力的作用沿着元胞边缘向下流动;相邻元胞的分子按不同的方向流动,若一个是左旋,另一个必为右旋。这种流定的构形,即耗散结构,表示当温度到达临界值时,系统只有按贝纳德花纹把分子在宏观尺度上组织起来,才能适应环境。如果温差达到另一个临界值 $\Delta T = \Delta T_{C2}$ 时,对流的元胞式结构又不适应 $\Delta T = \Delta T_{C2}$ 的环境,系统将再出现新的相变,形成滚洞式的耗散结构,形成与环境新的适应。

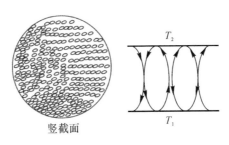

竖截面

图 1.9 贝纳德花纹的组织结构

上述例子说明了系统与环境相适应的过程特征:

(1)当系统处于非临界点时,对于环境的扰动(小的变化),系统无法改变其结构和行为模式,只需要作一些小的调整,即可保持与环境的适应;只有当环境达到临界点时,系统的原结构或者模式不再适应环境,需要用一种全新的方式组织系统的组成部分,形成新的结构或模式,才能适应环境。

(2)在环境不断变化的过程中,系统的适应变化不是一次,而是一个系列,即适应→不适应→新的适应→……

1.5.3 系统的自创性

在自组织行为形成的论述中,1.5.1 节强调的前提是系统必须开放,一个与环境没有任何交换的封闭系统不可能出现自组织现象。但对系统内部的组成部分而言,例如子系统,子系统之间的互相作用,同样可以视作子系统的外部环境,实际上是系统的内部环境。在子系统与系统内部环境的交换过程中,子系统同样有可能产生自组织现象。

最简单的情形是系统内部包涵有两个子系统,它们的动力学方程为

$$\begin{cases} \dot{x} = f(x) \\ \dot{y} = g(y) \end{cases}$$

两个子系统之间相互作用,形成的耦合运动方程为

$$\begin{cases} \dot{x} = f(x) + p(x, y) \\ \dot{y} = g(y) + q(x, y) \end{cases}$$

式中:$p(x, y)$ 和 $q(x, y)$ 表示二者之间的相互作用。在数学上,它们的联合方程组就是一个二维系统。在系统中,只要该联合方程组没有稳定的定态,就没有形成整体的新结构和新模式,它们仍旧是系统中相对独立的两个子系统。但内部环境在不断地变化,这两个子系统也在不断地演化,一旦它们的动态联合方程组获得至少一个稳定的定态,这就表示二者已经整合成一个新的更大的子系统,系统出现了涌现。新的较大的子系统形成就是自创生过程。

由此可见,系统自创生是指虽然系统没有特定的外部环境干预,但在系统内部组成部分之间作用(内部环境)下,系统内部组成部分从无到有地自我创造、自我产生、自我形成。

同样的道理,在系统内部环境的作用下,系统内部组成部分虽然没有形成自创性,但并不排除子系统本身发生变异,适应性地改变自己某些属性,这可以用霍兰的遗传算法(GA)或称基因算法来描述。遗传算法是一种类似于生物进化的自然选择机制,具体的方法如下:

首先,要对系统的组成部分选择基因码,它由一套规则的分类特征来决定,分类的基因码是由 0、1 组成的数位串表示,如 100101011,011001100 等,其中每一个数位都与该规则的输入和输出是否具有某种特征相对应(1 代表具有某个特征,0 代表不具有该特征)。例如系统存在着两个子系统,它们的基因码交换示意图如图 1.10 所示。

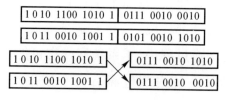

图 1.10　基因码交换示意图

其次,两个子系统基因发生交换,在生物学中两个配子相近,通过交换染色体,而产生一种结合子。基因相配有二种机制,即遗传与突变,这里简单地处理。图 1.10 中代表系统中两个子系统的分类基因码,它们的相配机制是在串位码中任取一点,交换两串的左边部分,产生两个后代:一个后代包含了第一串在交换前切割点的左边部分和第二串在切割点的右边部分;另一个后代包含了第一串在交换前切割点的右边部分和第二串在切割点的左边部分。实际上,基因相配要来得复杂,在相配的过程中,还存在基因的操作,因而产生数位串的个别位或局部改变——变异。

§1.6　系统论及其复杂性小结

系统论是认识世界、改造世界的科学理论,也是研究客观事物的有用工具和有效方法,正确、全面、科学地理解系统论及其复杂性,具有十分重要的意义。综上所述,系统的科学理论及其复杂性可小结如下:

(1)系统是指由相互制约的各组成部分组成的具有一定功能的整体,其中包含了三个要素,即各组成部分、相互制约的关联(结构)以及整体性。数学上描述为

$$\text{System} = (\text{Elements}, \text{Structure}, \text{Function})$$

式中:System——某一系统;

　Elements——该系统的组成部分(包括基元、子系统……);

　Structure——该系统的结构;

　Functions——该系统的功能,它由系统的状态决定的。

(2)系统与周围的事物有着千丝万缕的联系。系统以外的一切就是系统的环境(Environment)。界于系统与环境之间就是边界(Boundary)。系统环境的作用(Action)必须通过边界才能着力于系统内部,因此,系统的边界具有控制系统环境的作用,控制允许用边界

的开放度和交换率来处理。系统的作用包括与系统外部关联直接相关的直接作用——激励(encourage)和潜移默化的间接作用——影响(Influence)。环境影响有三种形态,即质量(quality)、能量(energy)和信息(Information)。因此,系统环境的作用可以表示为

$$
\begin{aligned}
E_S &= (\text{encourage}, \text{Influence}) \\
&= (\text{encourage}, I_{\text{quality}}, I_{\text{energy}}, I_{\text{Information}}) \\
&= (e, I_q, I_e, I_I)
\end{aligned}
$$

同理,对系统内部的子系统而言,子系统本身也符合系统定义,它们也有各自的内部子环境,其作用的表达式为

$$
E_{\text{sub si}} = (e_i, I_{gi}, I_{ei}, I_{Ii})(i = 1, \cdots, n)
$$

由此可知:环境的质量影响取决于质量的扩散方程;环境的能量影响取决于能量的传递方程;环境的信息影响取决于概率熵函数。

(3)系统的整体性来源于系统的状态及其状态的变化。它包括系统的属性、系统的功能……系统的状态一般由一组状态变量来描述,如

$$
\boldsymbol{x} = \begin{bmatrix} x_1(r, t) \\ x_2(r, t) \\ \vdots \\ x_n(r, t) \end{bmatrix}
$$

其中,每一种状态变量都是位置和时间的函数。位置分量 r 是 x、y、z 的空间坐标;状态随时间的变化,对于连续变量 $\boldsymbol{x}$,可用一阶导数 $\dot{\boldsymbol{x}}$ 和二阶导数 $\ddot{\boldsymbol{x}}$ 来表征,而对于非连续变量 $\boldsymbol{x}$,则可用增量表示。即有

$$
\begin{cases}
\dot{\boldsymbol{x}} = f(\boldsymbol{x}, \boldsymbol{c}) + E(t) \\
\boldsymbol{x}(t+1) = f[\boldsymbol{x}(t), \boldsymbol{c}, E(t)]
\end{cases}
$$

式中:$\boldsymbol{c}$——控制参数向量;

$E(t)$——它环境随时间的作用。

(4)系统的演化,就是系统随时间的状态变化。研究系统演化就

是研究系统状态因变量与自变量的依赖关系,即输入与输出的状态响应关系,称为状态转移过程中的转移函数。该响应函数可以分为如下类型:

不同的数学类型的状态转移函数,可以用不同的数学工具处理,例如函数学、概率论、模糊数学以及样本学习等方法。

(5)系统的涌现。系统的涌现是指整体具有组成部分或者部分之和所没有的性质、特征、行为、功能等整体特质或系统表征。涌现来源于环境作用下的系统状态演变,其演变过程如图 1.11 所示。

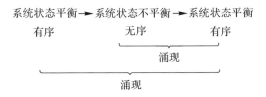

图 1.11 系统的涌现的演变过程

系统状态演化过程中,从平衡有序到新的平衡有序,或者从不平衡无序到新的平衡有序都是系统的涌现。研究系统涌现的系统称为复杂系统,一般的概念是,具有涌现现象的系统为复杂系统。

(6)研究系统状态演化(涌现)的数学工具是协同学。协同学是一个跨学科的科学,它研究系统中子系统之间是怎样合作产生宏观空间结构、时间结构或功能结构。它从动力学系统角度出发来研究系统从有序到无序(包括从有序到新有序)的规律性。

假定系统的状态向量 q 有 n 个分量

$$q = (q_1, q_2, \cdots, q_n)$$

其状态向量不仅依赖于时间,还依赖于空间,即有 $q_i = q(x, t)$

$(i=1,2\cdots n)$，其中 x 是空间坐标向量 $x=(x,y,z)$，在协同学中系统状态向量 q 是按下列形式随时间演化的：

$$\dot{q}(x,t)=N[q(x,t),\nabla,\alpha,x]+E(t)$$

式中：$\dot{q}(x,t)$——状态向量 q 关于时间 t 的一阶导数；

      x——空间坐标向量 (x,y,z)；

      N——函数向量，它依赖于系统的状态；

      ∇——微分算子 $(\alpha/x,\alpha/y,\alpha/z)$；

      α——控制参数；

      $E(t)$——随时间的环境作用。

（7）系统状态变化原理——自组织。系统的自组织来源于系统外部的环境作用，对子系统而言，也可能是内部环境的作用（包括系统内部子系统之间的相互作用）。系统自组织的结果形成系统的自创性、适应性、变异性……造成系统的相平衡和有序性的改变。研究和分析某系统的自组织能力就是研究该系统的状态变化函数 N。

（8）研究系统的复杂性十分复杂，首先，孤立好系统，尽可能地减少环境的作用；系统状态向量的选取应该非常有限，最好是一维，或者二维。其次，系统内部的相互作用应该根据协同学中的支配原则、有序参数和势函数来宏观处理。即使运用各种简化措施，突出研究的主题，还不能满足一般需求。因此，研究系统现在大都停留在不包含环境作用、不涉及涌现的普通系统，系统内部的状态函数是线性或者简单非线性，甚至为静态的。但是宏观控制、危机处理等复杂系统，又必须考虑系统的环境作用、系统的变异，甚至系统的涌现，这就是对系统复杂性直接挑战。

第2章 关联网络

系统是其组成部分互相关联着的复合整体。系统与环境也有千丝万缕的联系,这些有形或者无形的联系就是系统的关联网络。

系统的整体性离不开系统组成部分的结构效应和组织效应。系统组成部分之间、层次之间以及系统与环境之间都是通过一部的信息作业来实现的。也就是说,研究系统的整体性,研究系统组成部分的结构效应和组织效应,就必须研究系统的关联网络及其网络上的信息作业。

§2.1 网络的基本概念

人们在刻画网络的结构方面提出了许多概念和方法,常用的数学工具是图论、网络的图表示及其统计上的三个重要参数:平均路径长度(average path length)、聚类系数(clustering coefficient)和度分布(degree distribution)。这就是本节要介绍的内容。

2.1.1 网络的图表示

一个具体网络可抽象为一个由点集合 V 和边集合 E 组成的图 $G=(V,E)$。节点数记为 $N=|V|$,边数记为 $M=|E|$。E 中每条边都有 V 中一对点与之相对应。如果任意点对 (i,j) 与 (j,i) 对应着同一条边,那么该网络称为无向网络(undirected notwork),否则称为有

向网络(directed notwork)。如果给每条边都赋予相应的权值,那么,该网络就称为加权网络(weighted notwork),否则称为无权网络(unweighted notwork)。当然,无权网络也可看作为每一条边的权值为 1 的等权网络。实际上,网络的复杂性远不止在方向和权重上,还包括如下几个方面:

(1)结构复杂性。网络连接的结构错综复杂,这些连接可能是随时间变化的。例如,万维网(www)上每天不停地有页面和链接的产生和删除。连接的作用强弱也发生变化,例如,神经系统中的突触有强有弱,可以是抑制,也可以是兴奋。

(2)节点复杂性。网络节点是系统的组成部分,它在内部环境的作用下不断地变化。网络节点本身不一定同类,即使同类也不一定处于同一状态。例如,控制哺乳动物中细胞分裂的生化网络就包括各种各样的基质和酶组成的节点。

(3)各种复杂因素的互相作用。实际的网络会受到自身和外界的各种影响和激励。例如耦合神经元重复地被同时激活,那么它们之间连接会加强,这被认为是记忆和学习的基础。此外,各种网络之间也存在着密切的联系,这使得复杂网络的分析变得更困难。例如电力网络的故障,可能会导致互联网(Internet)的局部损坏、流量变慢等一系列的连锁反应。

尽管网络中存在着许多复杂情况,这里的论述仍旧从最基础网络开始,根据图论中定义,没有重边和自环的图称为简单图,且暂不管加权、有向等复杂因素,从简到繁、逐步深化。

2.1.2 平均路径长度

网络中两个节点 i 和 j 之间的距离 d_{ij} 定义为连接这两个节点的最短路径上的边数。网络中任意两个节点之间的距离的最大值称为网络直径(diameter)记为 D,即

$$D = \max d_{ij}(i \neq j \in G)$$

网络的平均路径长度 L 定义为任意两个节点之间距离的平均值,即

$$L = \frac{1}{\frac{1}{2}N(N+1)} \sum_{i \geqslant j} d_{ij} \qquad (2-1)$$

式中:N——网络节点数。

网络的平均路径长度也称为网络的特征路径长度(characteristic path length)。为了便于数学处理,式(2-1)中包含了节点到自身的距离(当然该距离为零)。如果不考虑节点到自身的距离,那么要在式(2-1)的等号右端乘以因子$(N+1)/(N-1)$,即

$$L = \frac{1}{\frac{1}{2}N(N+1)} \frac{(N+1)}{(N-1)} \sum_{i \geqslant j} d_{ij} = \frac{2}{N(N-1)} \sum_{i \geqslant j} d_{ij}$$

在实际应用中,二者的差别可以完全忽略不计。一个含有 N 个节点和 M 条边的网络的平均路径长度可以用时间量级为 $0(M,N)$ 的广度优先搜索算法来确定。一个简单网络的直径和平均路径长度,如图 2.1 所示。

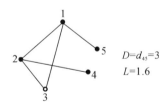

$D=d_{45}=3$
$L=1.6$

图 2.1　一个简单网络的直径和平均路径长度

例如,图 2.1 中包含了 5 个节点和 5 条边的网络,经计算,它具有的网络最大直径 $D=d_{45}=3$,平均路径长度 $L=1.6$。

2.1.3　聚类系数

假定网络中的一个节点 i,它有 k_i 条边将它和其他节点相连,与之相连的 k_i 个节点就是节点 i 的邻居。显然,在这些 k_i 个节点之间

最多可能有 $k_i(k_i-1)/2$ 条边,而实际上 k_i 个节点之间存在的边数 E_i 和总的可能边数 $k_i(k_i-1)/2$ 之比就定义为节点 i 的聚类系数 C_i,即

$$C_i = 2E_i/k_i(k_i-1) \tag{2-2}$$

从几何特点看,式(2-2)的一个等价定义为

$$C_i = \frac{\text{与点 } i \text{ 相连的三角形的数量}}{\text{与点 } i \text{ 相连的三元组的数量}}$$

其中,与节点相连的三元组是指包括节点 i 的三个节点,并且至少有从节点 i 到其他两节点的两条边,如图 2.2 所示。

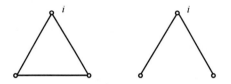

图 2.2　此节点 i 为顶点二种三元组可能形式

整个网络的聚类系数就是所有组成网络节点 i 的聚类系数平均值

$$C = \frac{1}{N} \sum_{i=1}^{N} C_i \quad (i=1,2,\cdots,N)$$

很明显,$0 \leqslant C \leqslant 1$。当 $C=0$ 时,仅当网络所有的节点均为孤立节点,即没有任何连接的边;当 $C=1$ 时,网络处于全连接,即网络中任意两个节点都直接相连,称该网络为全局耦合。对于一个含有 N 个节点的完全随机网络,当 N 很大时,$C=0(N^{-1})$。而许多大规模的实际网络都有明显的聚类效应,虽然它们的聚类系数不大,但却要比 $C=0$ (N^{-1}) 要大得多。当 $N \to \infty$ 时,在超大规模网络中,聚类系数会增加,并趋向某一个非零的常数。

2.1.4　度与度分布

度(degree)是单独节点的属性中简单而又重要的概念,节点 i 的度 k_i 定义为与该节点 i 连接的其他节点数目,有向网络中一个节点的度分为出度(out-degree)和入度(in-degree)。节点的出度是指从该节点指向其他节点的边的数目;节点的入度是指从其他节点指向该节点

的边的数目。直观上看,一个节点的度越大,就意味着该节点在网络的地位中越重要。同理,网络中所有节点 i 的度 k_i 的平均值称为网络(节点)的平均度,记作 $<k>$,且有

$$<k>=\frac{1}{k}\sum_{i=1}^{N}k_i(i=1,2,\cdots,N)$$

网络中节点的度分布情况可用分布函数 $P(k)$ 来叙述。$P(k)$ 表示是一个随机选定的节点的度恰好为 k 的概率。

规则的格子网络有着简单的度序列:因为所有的节点具有相同的度,所以其分布为德尔塔(Delta)分布,且是单个尖峰,网络中的任何随机化倾向都将使这个尖峰的形体变宽。

完全随机网络的度分布近似为泊松(Poisson)分布,如图 2.3(a)所示,其形状在远高峰值 $<k>$ 处呈指数下降。这意味着当 $k\gg<k>$ 时,度为 k 的节点实际上是不存在的。因此这类网络称为均匀网络(homogeneous network)

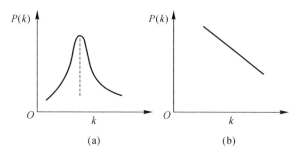

图 2.3 二种经典的度分布

(a)泊松分布;(b)幂律分布

近几年的大量研究表明,许多实际运行的网络度分布都明显地不同于 Poisson 分布,而较符合幂律分布。幂律分布曲线比 Poisson 分布曲线下降要缓慢得多。

2.1.5 其他统计性质

除了上述几项基本的统计网络特征参数外,在研究复杂网络中还

经常用到一些其他重要的统计性质。

1.与网络连通性相关的网络弹性(network resilience)

网络的重要功能是节点之间的连通性。网络节点及其关联对网络连通性的影响称为网络弹性(network resilience)。网络弹性的分析通常有两种:随机删除节点及其关联,有选择地删除节点及其关联。前者称为网络的鲁棒性分析,后者称为脆弱性分析。例如 A. Bert 等人分别对分布服从指数分布的随机网络模型和度分布服从幂律分布的 BA 网络模型进行研究。结果显示:随机删除节点及其关联,基本上不影响 BA 网络的平均路径长度;反之,有选择性地删除节点及其关联后,BA 网络的平均路径长度较随机网络的增长快得多。这表明 BA 网络模型相对随机网络具有较强的鲁棒性和易攻击性。出现上述结果的原因在于,幂律分布网络中存在着少数具有很大度数的节点,且在网络中扮演着连通的关键角色,一般具有该角色的节点称为集散(Hub)节点。

2.介数(betweenness)

介数分为节点介数(N-betweeness)和边介数(E-betweeness)。节点介数为网络中所有的最短路径中经过该节点的路径数与所有经过该节点路径数之比,即

$$N\text{-betweeness}_i = \frac{\text{经过 } i \text{ 节点的最短路径数}}{\text{经过 } i \text{ 节点的所有路径数}}$$

边介数含意与节点介数类似,即边介数为

$$E\text{-betweeness}_i = \frac{\text{经过 } i \text{ 边的最短路径数}}{\text{经过 } i \text{ 边的所有路径数}}$$

介数反映了相应节点或者边在网络中的作用和影响力。有人称介数为权重,具有很强的现实意义。例如,在社会关系网络或技术网络中,介数的分布特征反映了不同人员、资源和技术在相应生产关系中的地位。这对于网络中发现关键资源和技术具有重要意义。

3.度和聚类系数之间的相关性

网络中度和聚类系数之间的相关性被用来描述不同网络结构之

间的差异。它包括两个方面:不同度节点之间的相关性和节点度分布
与其聚类系数的相关性。前者是指网络中与高度数(或低度数)节点
相连接的节点的度数偏向性(偏向高还是偏向低);后者是指高度数节
点的聚类系数偏向于高还是低。实例分析证明:在社会网络中节点具
有正的度相关性,而节点度分布与其聚类系数之间都具有负的相关
性,在其他网络(如信息网络、生物网络、技术网络)中则相反。

§2.2　典型网络及其特征

要理解网络结构及其特征,就需要对网络结构的本身特征有较深
刻的了解,才能分析和运用不同类型的行为、状态和特性。本节将从
分析典型的网络出发,给出它们的特征结果。

2.2.1　规则网络

在一个全局耦合网络(globally coupled network)中,任意两个节
点之间都有边直接相连。因此,在具有相同节点数的所有网络结构
中,全局耦合网络具有最小的平均路径长度 $L_{gc}=1$ 和最大的聚类系数
$C_{gc}=1$。虽然全局耦合网络模型反映了许多实际网络具有的聚类和小
世界性质,但该网络在实际的运用中有明显的局限性:一个有 N 个节
点的全耦合网络就需要 $N(N-1)/2$ 条边。然而大多数的大型网络希
望边是稀疏的。它们边的数目一般在 $0(N)$ 左右,而不希望接近
$0(N^2)$。

图 2.4 中给出了全局耦合网络、最近邻耦合网络和星形网络的结
构图。

在最近邻耦合网络中,每个节点只和它的周围的邻居节点相连。
具有周期边界条件的最近邻耦合网络包含 N 个围成一个环的节点。
其中每个节点都与它左右各 $K/2$ 个邻居节点相连,这里的 K 是个偶

数,如图 2.4(b)所示。

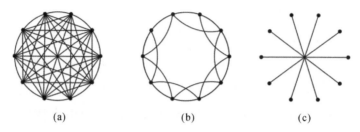

图 2.4　几种规则网络结构图

(a)全局耦合网络;(b)最近邻耦合网络;(c)星形网络

对于较大的 K 值,最近邻耦合的聚类系数为

$$C_{nc} = \frac{3(K-2)}{4(K-1)} \approx \frac{3}{4}$$

而它的网络平均路径长度

$$L_{nc} \approx \frac{N}{2K}$$

此外,常见的规则网络就是星形网络,如图 2.4(c)所示,它有一个中心节点,而其余 $N-1$ 个节点只与中心节点连接,它们彼此之间不连接。星形网络的平均路径长度为

$$L_{star} = 2 - \frac{(N-1)}{N(N-1)} \xrightarrow{N \to \infty} 2$$

按聚类系数定义,星形网络的聚类系数为

$$C_{star} = \frac{N-1}{N} \xrightarrow{N \to \infty} 1$$

2.2.2　随机网络

与完全耦合的规则网络相反的是完全随机网络。

在随机网络中,节点之间连接的边是以某一个概率数存在的。20世纪中叶,Erdös 和 Renyi 研究发现,当网络中的节点数相当大($N \gg 1$)时,节点之间连接的边都有相同概率 P,则该网络就有约 $PN(N-1)/2$ 条边随机相连,并称为 ER 随机图网络。

假定随机网络的节点数 $N=10$,它的边所存在的概率相同,$P_i =$

P,且 P 分别为 0.1,0.15 和 0.25,则该随机网络的 ER 随机图如图 2.5 所示。

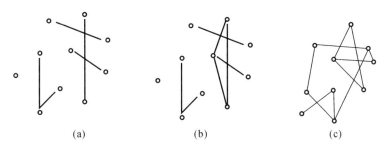

图 2.5　不同 P 的 ER 随机图

(a)$P=0.1$;(b)$P=0.15$;(c)$P=0.25$

ER 随机图网络的平均度是 $<k>=P(N-1)\approx PN$。设 L_{ER} 为随机图的平均路径长度。直观地看,对于 ER 随机图中随机选取的一个节点,网络中大约有 $<k>^{L_{ER}}$ 个其他的节点与该节点之间的距离,等于或者非常接近于 L_{ER}。因此,$N\propto<k>^{L_{ER}}$,即 $L_{ER}\propto \ln N/\ln<k>$。这种平均路径长度为网络规模的对数增长函数。因为 $\ln N$ 的值随着 N 增长得很慢,所以即使是网络规模很大,它的平均路径长度还是不大。

ER 随机图中两个节点之间不论是否具有共同的邻居节点,其连接概率均为 P。因此,ER 随机图网络的聚类系数 $C=P=<k>/N\ll 1$,这意味着大规模的稀疏 ER 随机图网络没有聚类特性。而现实中的实用网络一般都具有明显的聚类特性。

固定 ER 随机图网络的平均度 $<k>$ 不变,则充分大的 N,由于每条边的出现与否都是独立的,ER 随机图网络的度分布可用 Poisson 分布表示,即

$$P(k)=\binom{N}{k}P^{k}(1-P)^{N-N-k}\approx\frac{<k>^{k}\mathrm{e}^{-<k>}}{k!}$$

其中,对固定的 k,当 N 趋于无穷大时,最近的近似等式精确成立。因此,ER 随机图网络,又称为 Poisson 分布的随机网络。

2.2.3 规则到随机的过渡网络——小世界网络

实际的网络既不是完全规则,也不是完全随机的,而是从完全规则网络向完全随机过渡的网络。Watts 和 Strogatz 于 1998 年引入了一种有趣的 WS 小世界网络。它的构造算法是这样的:

(1)从规则图开始,考虑一个含有 N 个点的最近邻耦合网络,它们围成一个环,其中每一个节点都与它左右相邻的各 $K/2$ 节点相连,K 是偶数。

(2)随机化相连:以概率 P 随机地重新连接网络中的每个边,将边的一个端点保持不变,而另一个端点取为网络中随机选择的一个节点,并规定,任意两个不同节点之间至多只能有一条边,并且每一个节点都不能有边与自身相连。

在上述模型中:$P=0$ 对应于完全规则网络;$P=1$ 则对应于完全随机网络,通过调节 P 值,可实现完全规则网络到完全随机网络过渡,如图 2.6 所示。

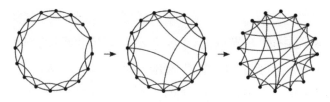

图 2.6 WS 小世界网络构成图

另一种小世界网络是由 Newman 和 Watts 设想并构成的,被称为 NW 小世界网络。该模型是通过随机化加边取代 WS 小世界网络构造中随机化重连。具体的构造算法如下:

(1)从规则图开始,考虑一个含有 N 个节点的最近邻耦合网络,它们围成一个环,其中每一个节点都与它左右相邻的各 $K/2$ 节点相随,K 是偶数。

(2)随机化加边:以概率 P 在随机选取一对节点之间加上一条边。

其中任意两个不同的节点之间至多只能有一条边,并且每一个节点都不能有边与自己相随,其构成的过程给出如图 2.7 所示。

图 2.7　NW 小世界网络构成图

小世界网络除了 WS 型、NW 型以外,还有其他变形。这里不再赘述。小世界网络特征可以列表如下:

(1)聚类系数。

WS 小世界网络的聚类系数为

$$C(P) = \frac{3(K-2)}{4(K-1)}(1-P)^3$$

NW 小世界的聚类系数为

$$C(P) = \frac{3(K-2)}{4(K-1)+4KP(P+2)}$$

(2)平均路径长度。

迄今为止,人们还没有关于 WS 小世界模型的平均路径长度 L 的精确解析表达式,不过,利用重正化群方法可以得到如下公式

$$L(P) = \frac{2N}{K}f(NKP/2)$$

其量 $f(u)$ 为一普通标度函数,满足

$$f(u) = \begin{cases} \text{常数} & u \ll 1 \\ \ln u/u & u \gg 1 \end{cases}$$

Newman 等人基于平均场方法给出了如下近似表达式

$$f(x) \approx \frac{1}{2\sqrt{x^2+2x}}\arctan\sqrt{\frac{x}{x+2}}$$

(3)度分布。

在基于"随机化加边"机制的 NW 小世界网络模型中,每个节点的度至少为 K,因此当 $k \geqslant K$ 时,一个随机选取的节点度为 k 的概度:

$$P(k) = \binom{N}{k-K} \left(\frac{KP}{N}\right)^{k-K} \left(1 - \frac{KP}{N}\right)^{N-k+K}$$

而当 $k < K$ 时,$P(k) = 0$。

对于基于随机化重连机制的 WS 小世界网络,当 $k \geqslant \dfrac{K}{2}$ 时,它的度分布有

$$P(k) = \sum_{n=0}^{\min(k-K/2, K/2)} \binom{K/2}{n} (1-P)^n P^{(K/2)-n} \frac{\left(P \dfrac{K}{2}\right)^{k-\left(\frac{K}{2}\right)-n}}{\left(k - \left(\dfrac{K}{2}\right) - n\right)!} e^{-PK/2}$$

同样,当 $k < \dfrac{K}{2}$,$P(k) = 0$。

2.2.4　无标度网络

无论 WS 小世界网络,还是 ER 随机网络,它们的共同特征就是网络的连接分布可近似地用 Poisson 分布来表示。该分布在度平均值 $<k>$ 处有一峰值,然后呈指数衰减,这意味着当 $k \gg <k>$ 时,度为 k 的节点几乎不存在。因此它们都是分布指数类网络。

但是,实际上的大型网络,如互联网、万维网,以及新陈代谢网的连接度分布函数具有幂律形式,由于具有幂律形式的度分布函数的网络,它的节点连接度没有明显的特征长度故称为无标度网络。

Barabasi 和 Albert 研究发现,实际网络中有两个没有考虑的构造机理,即

(1)增长(growth)特性:网络的规模在不断地扩大。

(2)优先连接(preferential attachment)特性:新的节点更倾向于与那些具有较高连接的"大"节点相连接。这种现象也称为"富者更富"(rich got richer)或者"马太效应"(Matthew effect)。

基于网络的增长和优先连接特性，BA 无标度网络的构造算法如下：

1)增长：从一个具有 m_0 个节点的网络开始，每次引入一个新的节点，并且连到 m 个已存在的节点上，这里 $m \leqslant m_0$。

2)优先连接：一个新的节点与一个已存在的节点 i 相连接的概率 $\prod_i$ 好节点 i 的度 k_i。节点 j 的度 k_j 之间满足如下关系：

$$\prod_i = \frac{k_i}{\sum_j k_j}$$

经过 t 步后，这种算法产生了一个有 $N = t + m_0$ 个节点、mt 条边的网络。图 2.8 显示了当 $m = m_0 = 2$ 时的 BA 网络渐变过程。

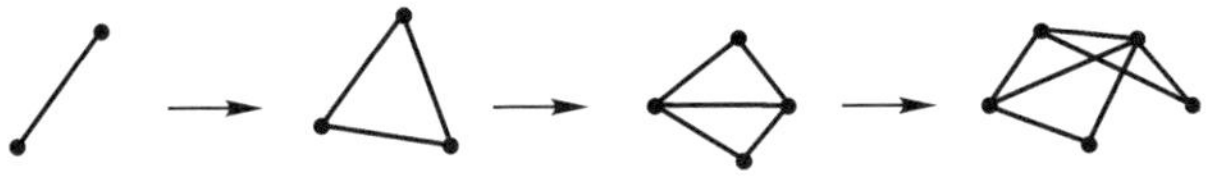

图 2.8　BA 无标度网络的渐变

(1)平均路径长度。

BA 无标度网络的平均路径长度为

$$L \propto \frac{\log N}{\log \log N}$$

这表明该网络具有小世界特性。

(2)聚类系数。

BA 无标度网络的聚类系数为

$$C = \frac{m^2(m+1)}{4(m-1)} \left[\ln\left(\frac{m-1}{m}\right) - \frac{1}{m+1} \right] \frac{[\ln(t)]^2}{t}$$

这表明，与 ER 随机图网络类似，当网络规模充分大时，BA 无标度网络不具有明显的原类特征。

(3)度分布。

目前对 BA 无标度网络的度分布的理论研究主要有三种方法：连续场理论(continuous theory)主方程法和速率方程法。这三种方法得到的结果都相同,其中主方程法和速率方程法是等价的。这里介绍由主方程法获得的结果。

定义 $P(k,t_i,t)$ 为在 t_i 时刻加入节点 i 在 t 时刻的度恰好是 k 的概率。在 BA 模型中,当一个新节点加入到系统中来时,节点 i 的度增加 1 的概率为 $m \prod_i = k/2t$,否则该节点的度保持不变。由此得到如下递推关系式

$$P(k,t,t+1)=\frac{k-1}{2t}P(k-1,t_i,t)+\left(1-\frac{k}{2t}\right)P(k,t_i,t)$$

而网络的度分布为

$$P(k)=\lim_{t\to\infty}\left[\frac{1}{t}\sum_{t_i}P(k,t_i,t)\right]$$

它满足如下递推方程:

$$P(k)\begin{cases}\dfrac{k-1}{k+2}P(k-1), & k\geqslant m+1 \\[3mm] \dfrac{2}{m+2}, & k=m\end{cases}$$

从而求得 BA 网络的度分布函数为

$$P(k)=\frac{2m(m+1)}{k(k+1)(k+2)}\propto 2m^2 k^{-3}$$

这表明 BA 网络的度分布函数可由幂指数为 3 的幂律函数近似来描述,如图 2.9 所示。

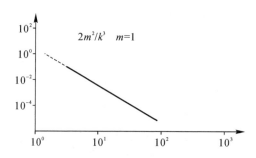

图 2.9   BA 无标度网络的度分布曲线

§2.3 网络上的传播机理

2.3.1 网络的传播临界值理论

在典型的传播模型中,系统内的种群(population)的个体被抽象为几类,每一类都处于一个典型状态。基本状态包括:S(susceptible)——易染状态(通常为健康状态 healthy state);I(infected)——感染状态;R(removed,refractory 或 recovered)——被移除状态(也称为免疫状态或恢复状态)。通常用这些状态之间的转换过程来命名不同的状态模型。例如健康状态被感染,然后恢复健康,且具有免疫性,称之为 SIR 模型,若健康状态群体被感染后,又返回到易感染状态,则称之为 SIS 模型。

1.均匀网络的传播临界值

假设网络中节点遵循的是易染(S)→感染(I)→易染的 SIS 模型。令从易染状态到感染状态概率为 ν,从感染状态恢复到易染状态的概念 δ。定义有效传播率 λ 如下:

$$\lambda = \frac{\nu}{\delta}$$

不失一般性,可假定 $\delta=1,\lambda=\nu$,因为这只影响状态传播的时间尺度的定义。

当定义时刻大时,被感染节点密度为 $\rho(t)$,当时间 t 趋于无穷大时,被感染个体稳定密度记为 ρ。可以用平均场理论(mean-field theory)对 SIS 模型作解析研究。为此,对于均匀网络首先给出如下三个假设条件:

(1)均匀性(homogeneity)假设。均匀网络(为 ER 随机图和 WS 小世界网络)的度分布在网络的平均度 $<k>$ 有一个尖峰,而当 $k \ll <k>$ 和 $k \gg <k>$ 时,指数下降。因而假定网络中每个节点的度 k_i 都近似等于$<k>$。

(2)均匀混合(homogeneous mixing)假设:感染强度与感染个体密度$\rho(t)$成比例。也就是说,等价于假设ν和δ都是常数。

(3)假定传染的状态尺度远小于个体的生命周期,从而不考虑个体的出生和自然死亡。

在上述假设下,通过忽略不同节点之间的度相关性,可以得到被感染状态的个体密度。

$\rho(t)$的状态响应方程为

$$\frac{\partial(\rho(t))}{\partial(t)}=-\rho(t)+\lambda<k>\rho(t)[1-\rho(t)] \qquad (2-3)$$

式(2-3)等号右边第一项是被感染的状态节点以单位速率恢复健康。式(2-3)等号右边第二项表示单个感染节点的平均密度,它与有效传播率、该节点的度(这里假定$k=<k>$)以及它与健康相连的概率$[1-\rho(t)]$成比例。由于关心的是$\rho(t)\ll1$的传染情况,可以有

$$\frac{\partial\rho(t)}{\partial(t)}=-\rho(t)+\lambda<k>\rho(t) \qquad (2-4)$$

当式(2-4)的偏导数为0时,最后可以求得被感染状态的稳定密度ρ为

$$\rho=\begin{cases}0, & \lambda<\lambda_C \\ \dfrac{\lambda-\lambda_C}{\lambda}, & \lambda\geqslant\lambda_C\end{cases}$$

其中,传播临界值(epidemic, threshold)为

$$\lambda_C=\frac{1}{<k>}$$

这说明在均匀网络中,存在一个有限的正传播临界值λ_C。如果有效传播率a大于临界值λ_C,感染状态的个体能将该感染状态传播,并使得整个网络的个体传染个体数量最终稳定于某一个平衡状态,此时称网络处于激活相态(active phase);如果有效传播率低于此临界值,那么感染的个体数量指数衰减,无法大范围传播,网络此时处于吸收

相态(absorbing phase)。因此,在均匀网络中,存在着一个正的临界值 λ_C,将激活相态和吸收相态明确地分隔开来,如图 2.10 所示。

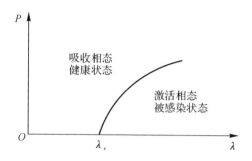

图 2.10 均匀网络的 SIS 模型相位图

2. 无标度网络的传播临界值

进一步抛开网络的均匀假设,考虑典型的非均匀网络——无标度网络的传播临界值。定义相对密度 $\rho_k(t)$ 是一个度为 k 的节点被感染传播的概率,它的平均场方程为

$$\frac{\partial \rho_k(t)}{\partial(t)} = -\rho_k(t) + \lambda k [1 - \rho_k(t)] \boxplus [\rho_k(t)] \qquad (2-5)$$

这里同样只考虑 $\rho_k(t) \ll 1$ 的情况,$\boxplus[\rho_k(t)]$ 表示任意一条给定的边与一个被感染状态的节点相连的概率。记 $\rho_k(t)$ 的稳定值为 ρ_k。令式(2-5)右端为零,可以求得

$$\rho_k = \frac{k\lambda \boxplus(\lambda)}{1 + k\lambda \boxplus(\lambda)} \qquad (2-6)$$

这表明节点的度越高,被感染的概率也越高,在计算 $\boxplus$ 时,必须考虑网络的非均匀性。对于不同节点的度之间不相关的无标度网络,即无关联的(uncorrelated)无标度网络,由于任意一条给定的边指向为 S 的节点的概率可以表示为 $SP_c(s)/<k>$,可以求得

$$\boxplus = \frac{1}{<k>} \sum_k kP(k)\rho(k) \qquad (2-7)$$

联立式(2-6)和式(2-7),可在 $\boxplus$ 充分小的情形下,对于任意无标度分布,近似求得 ρ_k 和 $\boxplus\lambda$。传播临界值 λ_c 必须满足的条件是:当

$\lambda > \lambda_c$ 时，可以得到 Θ 的一个非零解，由此可得

$$\Theta = \frac{1}{<k>}\sum_k kP(k)\frac{\lambda k\Theta}{1+\lambda k\Theta} \qquad (2-8)$$

式 $(2-8)$ 有一平凡解 $\Theta = 0$，如果该方程要存在一个非平凡解 $\Theta \neq 0$，需要满足如下条件：

$$\frac{\mathrm{d}}{\mathrm{d}\Theta}\left(\frac{1}{<k>}\sum_k kP(k)\frac{\lambda k\Theta}{1+\lambda k\Theta}\right)\bigg|_{\Theta=0} \geq 1$$

即有

$$\sum_k \frac{kP(k)\lambda k}{<k>} = \frac{<k>^2}{<k>}\lambda \geq 1$$

从而得到无标度网络的传播临界值 λ_c 为

$$\lambda_c = \frac{<k>}{<k^2>}$$

对于幂律指数为 $2 < \sigma \leq 3$ 的无标度网络，当网络 $N \to \infty$ 时，$<k^2> \to \infty$，从而 $\lambda_c = 0$。

3. BA 无标度网络的传播临界值

作为无标度网络的一个典型——BA 无标度网络模型，其平均度和度分布分别为

$$<k> = \int_m^\infty kP(k)\mathrm{d}k = 2m \qquad (2-9)$$

$$P(k) = 2m^2 k^{-3} \qquad (2-10)$$

将式 $(2-9)$ 和式 $(2-10)$ 代入下式得

$$\Theta(\lambda) = \frac{1}{<k>}\sum_k kP(k)\rho(k) = m\lambda\Theta(\lambda)\int_m^\infty \frac{1}{k}\frac{\mathrm{d}k}{1+k\lambda(\lambda)}$$

$$= m\lambda\Theta(\lambda)\ln\left(1+\frac{1}{m\lambda\Theta(\lambda)}\right) = \frac{e^{-1/m\lambda}}{m\lambda}(1-e^{-1/m\lambda})^{-1} \qquad (2-11)$$

计算阶参数（Order Paramater）如下：

$$\rho = \sum_k P(k)\rho(k) = 2m^2\lambda\Theta(\lambda)\ln\int_m^\infty \frac{1}{k^2}\frac{\mathrm{d}k}{1+k\Theta(\lambda)}$$

$$= 2m^2\lambda\Theta(\lambda)\left[\frac{1}{m}+\lambda\Theta(\lambda)\ln\left(1+\frac{1}{m\lambda\Theta(\lambda)}\right)\right]$$

从而解算出

$$\rho = 2e^{-\frac{1}{m\lambda}} \qquad (2-12)$$

式(2-12)等号右端为非负数,且等号右端为零时,当且仅当 $\lambda = 0$。这意味着 BA 无标度网络对应的传播临界值 $\lambda_C = 0$。

4.有限规模无标度网络的传播临界值

对于有限规模的无标度网络,引入最大的连接度 k_c,它的大小取决于节点的总数 N。显然最大连接度 k_c 限制了它的波动范围,因此 $<k^2>$ 有界。对于具有指数有界度分布

$$P(k) \propto k^{-\gamma}e^{-k/kc}$$

的无标度网络。SIS 模型对应非零临界值 $\lambda_C(k_c)$ 为

$$\lambda_C(k_c) \propto \left(\frac{k_c}{m}\right)^{r-3} \qquad (2-13)$$

式(2-13)为网络中最小连接的边数。

图 2.11 中将有限规模无标度网络的临界值与相应的均匀网络的临界值作出较。从图 2.11 中可以看出,对于 $\gamma = 2.5$ 情况,即使取相对较小的 k_c,有限规模的无标度网络中的临界值约为均匀网络的 1/10,这说明有限规模无标度网络的临界值要比均匀网络的临界值要小得多,并当 k_c 增加,或者 $N \to \infty$ 时,该临界值将趋于零。这说明无限规模无标度网络的临界值为 0。

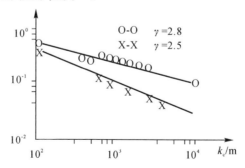

图 2.11　具有相同平均度的有限规模无标度网络
临界值和均匀网络临界值的比值

2.3.2　复杂网络中的蔓延现象

1.蔓延在复杂网络中的传播

谣言在复杂网络中的传播是典型的蔓延现象。

Eanétte 研究了谣言在小世界网络中的传播,蔓延过程亦可用 SIR 模型来描述,将系统中的个体分为三种类型:谣言易感染(如没有听过谣言)个体数量 n_S;感染状态(听进谣言)的个体数量 n_I;免疫状态(不信谣言)的个体数量 n_R。Eanétte 简化了谣言的复杂传播机制,假定认为:易感染个体一旦与感染个体接触,就被感染;而感染个体与免疫个体或者感染个体相接触,则变为免疫个体。于是得到平均场方程,即

$$\left.\begin{aligned} \dot{n}_S &= -n_S \frac{n_I}{N} \\ \dot{n}_I &= n_S \frac{n_I}{N} - n_I \frac{n_I + n_R}{N} \\ n_R &= n_I \frac{n_I + n_R}{N} \end{aligned}\right\} \tag{2-14}$$

式(2-14)中 N 是整个系统的个体数量,随着谣言在人群系统中的蔓延,系统最后分化为两部分,一部分是免疫状态的个体群 n_R,另一部分是未听过谣言的易感染个体群 n_S。当 N 趋向无穷大时,比值 $\gamma = \frac{n_R}{N}$ 最后稳定在 $\gamma^x \approx 0.796$,这意味着将近 20% 的个体处于没有听过谣言的易感染状态。在 N 近邻网络演化得到的小世界网络中,当小世界网络的概率参数 $P < P_C$ 时,γ 会逐渐衰减到零。当 $P > P_C$ 时,γ 满足

$$\gamma \propto |P - P_C|^{\gamma} \tag{2-15}$$

式(2-15)中,临界概率 P_C 随着近邻 K 值的增加而减小,$\gamma \approx 2.2$ 则不变。

归纳起来,Eanétte 获得的结构:当 n_R 处于比较小的数值区域内时,n_R 与 n_I、n 一以及灭绝时间 T 的相关服从幂律分布;当 n_R 处于很

大数值域内时,如果 P 增加,T 减少,n_I 和 n_R 都增大。这说明,谣言的蔓延过程变得非常有效率。

2. 传播蔓延现象的推广模型的普遍行为

Dotts 和 Watts 认为,无论是社会网络还是生物、信息网络中的传播和蔓延现象,相应的模型都可以归结为两类:一类是泊松模型(Poisson model),在这种模型中,连续的接触所导致的传播是独立于概率 P 的;另一类模型是临界值模型(Threshold model),超过某一临界值后,传播所带来的感染概率迅速增大。这两种类型的模型都不考虑各传染个体相互之间暴露的相关性。为此,Dotts 和 Watts 提出了一个推广模型,将历史的暴露作为记忆引入模型中来研究感染的影响。

推广模型是这样定义的:假定系统中有 N 个个体,而每一个个体的状态是易染 S、感染 I、免疫 R 三种状态中的一种。在每一时刻 t,个体 i 随机地与个体 j 相随(接触)。如果个体 i 是易染状态,而个体 j 是感染状态,那么个体 i 以概率 P 得到正的剂量 $d_i(t)$,这里每一个 $d_i(t)$ 都服从分布函数 $f(d)$。每个个体都保留着过去 T 时期中接受的总的剂量,即

$$D_i(t) = \sum_{t'=t-T+1}^{t} d_i(t')$$

当 $D_i(t) > d_i^*$ 时,处于易染状态的个体 i 则被感染。在 T 时期内,易染个体与 $K(K \leqslant T)$ 个感染个体接触而因此被感染的概率为

$$P_{\inf}(K) = \sum_{k=1}^{K} \left(\frac{K}{k}\right)_i P^K (1-P)^{K-k} P_k$$

其中 T 时期内接收到 k 次剂量而感染的个体平均为

$$P_k = \int_0^\infty \mathrm{d}d^* g(d^*) P\left(\sum_{i=1}^{k} d_i \geqslant d_i^*\right) \tag{2-16}$$

这里 $g(d^*)$ 是剂量阀值 d^* 的分布函数,$P\left(\sum_{i=1}^{k} d_i \geqslant d_i^*\right)$ 是 k 个剂量之和超过相应的阀值的概率。

当 $d_i = d_i^* = \bar{d}$,$P < 1$ 时,式(2-16)就退化为标准 SIR 传染模型,

如图2.12(a)所示；若 $P=1$，并且 $d^* > \bar{d}$，则 $d_i(t)$ 变化与否决定 P_{inf} (k)方式是随机临界值模型［见图2.12(b)］，还是确定 y 点临界值模型［见图2.12(c)］。显然，选择更复杂的 $f(d)$ 和 $g(d^*)$ 可以使推广模型涵盖更多的网络蔓延传播模型。

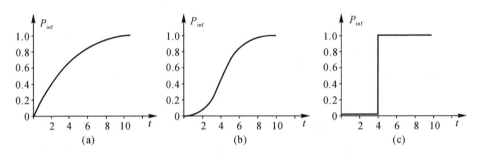

图 2.12　推广模型的三种情况的响应对比示意图
(a)标准 SIR 传染模型；(b)随机临界值模型；(c)确定 y 点临界值模型

被感染的个体当 $D_i(t) < d^*$ 时，以概率 γ 康复，而康复的个体仍然会以概率 P 成为易染状态。显然 SIS 模型就是推广模型 $\gamma=1$，$P=1$ 时的一个特例。因此系统的个体群中感染个体的稳态值（不动点）满足如下方程：

$$\phi^* = \sum_{k=1}^{T} \binom{T}{k} (P\phi^*)^k (1-P\phi^*)^{T-k} P_k$$

第3章　系统组成的演化

系统演化(变化)是绝对的,系统不变是相对的。系统时时刻刻都在变化。变化才能形成世界万物。

研究系统,本质上就是研究系统演化。演化在系统处于平衡时,就是常态演化。当系统内部失衡时,系统失态会出现涌现,涌现剧烈的情况下,原系统崩溃,形成新的系统。

本章叙述的系统常态下的演化。

§3.1　系统演化通式

3.1.1　描述

系统描述一般有它的组成、互联、环境、功能等要素,即

$$S=\{Agents, Connection, Functions, Environment\}$$

式中：　Agents——系统组成部分,$Agent_1, \cdots, Agent_n$;

　　Connection——系统互联;

　　Functions——系统的整体性;

　　Environment——系统环境。

动力学演化就是上一时刻的输入,引起下一时刻输出的变化。数学上可视作函数关系如图 3.1 所示,$out(t+1)=f[in_1(t), in_2(t), \cdots, in_n(t), E(t)]$。

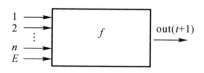

图 3.1　函数关系

假定系统有 m 个组成部分,即 Agent_1 , Agent_2 , $\cdots$, Agent_m ,它们之间的互联(Connection)由互联矩阵 $\boldsymbol{G}$ 决定,则系统组成部分的输入与输出可由下列表达式表示:

$$\mathrm{Agent}_1\, \mathrm{out}(t+1) = f_1[G_{11}\,\mathrm{Agent}_1(t), G_{12}\,\mathrm{Agent}_2(t), \cdots, G_{1m}\,\mathrm{Agent}_m(t); \mathrm{Environment}]$$
$$\mathrm{Agent}_2\, \mathrm{out}(t+1) = f_2[G_{21}\,\mathrm{Agent}_2(t), G_{22}\,\mathrm{Agent}_2(t), \cdots, G_{2m}\,\mathrm{Agent}_m(t); \mathrm{Environment}]$$
$$\vdots$$
$$\mathrm{Agent}_m\, \mathrm{out}(t+1) = f_m[G_{m1}\,\mathrm{Agent}_1(t), G_{m2}\,\mathrm{Agent}_2(t), \cdots, G_{mm}\,\mathrm{Agent}_m(t); \mathrm{Environment}]$$

$$(3-1)$$

其中 $\boldsymbol{G}$ 矩阵为

$$\boldsymbol{G} = \begin{bmatrix} G_{11} & G_{12} & \cdots & G_{1m} \\ G_{21} & G_{22} & \cdots & G_{2m} \\ \vdots & \vdots & & \vdots \\ G_{m1} & G_{m1} & \cdots & G_{mm} \end{bmatrix}$$

3.1.2　举例

(1)系统有三个组成部分,分别为 Agent_1 , Agent_2 , Agent_3 ,它们之间全联通,如图 3.2 所示。

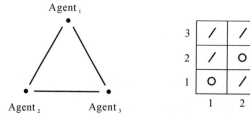

图 3.2　全联通

系统组件的输出公式为

$$\mathrm{Agent}_1\mathrm{out}(t+1)=f_1\big[\mathrm{Agent}_2\mathrm{in}(t),\mathrm{Agent}_3\mathrm{in}(t),E\big]$$

$$\mathrm{Agent}_2\mathrm{out}(t+1)=f_2\big[\mathrm{Agent}_1\mathrm{in}(t),\mathrm{Agent}_3\mathrm{in}(t),E\big]$$

$$\mathrm{Agent}_3\mathrm{out}(t+1)=f_3\big[\mathrm{Agent}_1\mathrm{in}(t),\mathrm{Agent}_2\mathrm{in}(t),E\big]$$

（2）星形结构。

假定系统有七个组成部分，分别为 Agent_1，Agent_2，$\cdots$，Agent_7，它们的结构为星形结构如图 3.3 所示，则星形系统的组件演化公式为

$$\begin{cases}\mathrm{Agent}_1\mathrm{out}(t+1)=f_1\big[\mathrm{Agent}_2\mathrm{in}(t),\mathrm{Agent}_3\mathrm{in}(t),\mathrm{Agent}_4\mathrm{in}(t),\\ \qquad\qquad\qquad\mathrm{Agent}_5\mathrm{in}(t),\mathrm{Agent}_6\mathrm{in}(t),\mathrm{Agent}_7\mathrm{in}(t)\big]\\ \mathrm{Agent}_2\mathrm{out}(t+1)=f_2\big[\mathrm{Agent}_1\mathrm{in}(t),E\big]\\ \qquad\qquad\vdots\\ \mathrm{Agent}_7\mathrm{out}(t+1)=f_3\big[\mathrm{Agent}_1\mathrm{in}(t),E\big]\end{cases}$$

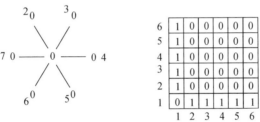

图 3.3　星形结构

3.1.3　描述说明

（1）由于系统以外都是系统环境（Environment），如果系统环境对系统作用大的话，就必须将环境作用也考虑进去，即演化公式应增加环境因子。

考虑到系统与环境之间有边界（Boundary），环境对系统的作用都通过界门实现，因此，环境作用由边界的开放度和交换率决定。

系统组成部分受到系统内部互联组成部分的直接作用，这里称激励。另外还有环境的间接影响（Influence）。

环境影响有三种形态：质量（quality），能量（energy）和信息（Information）。所以环境影响可表达为

$$E = \{I_q, I_e, I_i\}$$

其中，环境的质量影响取决于质量的扩散方程；环境的能量影响取决于能量传递方程；环境的信息影响取决于概率熵函数。

（2）系统的演化公式。

系统的演化公式就是研究系统状态，包括系统组成部分和状态的数学工具，它反应了状态自变量与变量之间的关系，又称系统状态转移函数（响应函数）。

该状态转移函数，即演化公式有许多类型，可分为以下几种：

不同类型的演化函数，可以用不同的数学工具来处理，例如函数学、概率论、模糊数学、统计学以及机器学习等方法。

（3）系统涌现不在系统演化范围内。

系统演化是在系统常态下进行的，不包括系统涌现。系统涌现是系统失衡状态下的崩溃状态，即非正常状态。演化和涌现过程如图3.4所示。

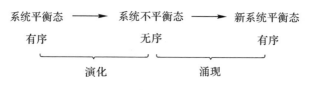

图 3.4　演化和涌现过程

由此可见，系统演化公式只适用于演化过程，但可以研究涌现的临界值。

（4）环境实质上是整体性影响。系统内部组成部分的内环境反应着系统整体性。如果演化函数（状态转移函数）加入了内环境因素，即考虑了系统性对局部的作用。也就是说，系统论分析是局部主导了整体，整体反过来影响了局部。

因此，完整的演化公式应该是

$$\text{Agent}_3\text{out}(t+1) = f\left[\text{Agent}_1\text{in}(t), \text{Agent}_2\text{in}(t), \cdots, \text{Agent}_6\text{in}(t),\right.$$
$$\left.\text{Agent}_{n-1}\text{in}(t), E\right]$$

$$(3-1)$$

§3.2　不确定状态转移函数的处置

3.2.1　处置的有效方案

通常不确定状态函数输入环境，在样本库中，诸多数据选用可能性最大的确定性值，就是处置最直接的有效方案，如图 3.5 所示。

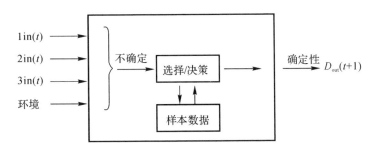

图 3.5　确定状态转移函数的处置方案

例如：天有不测风云。在 20 世纪，人们出门，都要自己预测天会不会下雨。如果天会下雨或正在下雨，必定要带雨具。如何来预测天气呢？人们的依据：通常是气压的高低、湿度的大小和云量的多少，根据 3 个参数 8 种情况来决策。假定，气压低、湿度小、云量少定义为 0，而气压高、湿度大、云量多，定义为 1，则 8 种可能的情况将会出现。人们可以轻而易举列出它的种种样本数据表,如表 3.1 所示。其中,大气压与天气的关系往往会造成误判。事实上,晴天的大气压比阴天(雨天)的大气压要高。为什么呢?

主要原因:大气密度对大气压的影响。空气中包含了氧气和二氧化碳等多种气体,还有水汽和尘埃。人们把湿度大的空气称湿空气,反之,叫干空气。干空气的相对分子质量为 28.966,而湿空气的相对分子质量为 18.016。显然,干空气的相对分子质量比湿空气的分子量大很多。相同的状态下,干空气的密度也比湿空气的密度大。晴天时空气的水分含量少,所以大气压较高。

表 3.1 天气预测样本数据表

气 压	湿 度	云 量	天 气
0	0	0	晴转雨
0	0	1	多云
0	1	0	阴
0	1	1	雨
1	0	0	晴
1	0	1	多云
1	1	0	阴
1	1	1	雨转晴

人们根据自己的感知和知识(经验)就可以预测:天要不要下雨?只有雨天、晴转雨、雨转晴三种情况,需要带雨具。不确定性的问题变成了确定性的决策。

3.2.2 样本数据库

样本数据库实质上是一堆对应的离散数据。从 3.2.1 节例中可以清晰地看到样本数据库的概念,即样本数据库的输入 D_{in} 为

$$D_{in} = \{气压,湿度,云量,\cdots\}$$
$$= \{X_1, X_2, \cdots, X_d\}$$

式中：d——维数。每一维都有自己的变值，比如：

$$气压\ x_1 = \{高,中,低\} = \{x_{11}, \cdots, x_{1m}\}$$
$$湿度\ x_2 = \{大,中,小\} = \{x_{21}, \cdots, x_{2m}\}$$
$$云量\ x_3 = \{多,中,少\} = \{x_{31}, \cdots, x_{3m}\}$$

式中：m——每维中的变量。

显然，库的容量 Q，应该包含库输入的所有组合情况，即变量的维数方：

$$Q = m^d$$

即库的输出为 D_{out} 有所有组合，即

$$D_{out} = \{晴,多云,阴,雨转晴,\cdots,雨\}$$
$$= \{Y_1, Y_2, \cdots, Y_x\}$$

§3.3　机 器 学 习

3.3.1　机器学习的概念

机器学习就是对计算机一部分数据进行学习，然后对另外一些数据进行预测与判断。机器学习的核心是使用算法解析数据，从中学习，然后对新数据作出决定或预测。也就是说，计算机得用以取得的数据得出某一模型，然后利用此模型进行预测的一种方法。这过程跟人学习过程有些类似。譬如人获取一定经验，可以对新问题进行预测。

我们举个例子说明之。我们都知道支付宝春节的"集五福"活动。我们用手机扫描"福"字的照片，通过算法模型训练，不断学习福字的结构和特征，然后输入一张新的照片，则机器就可以识别新照片是否

有"福"字,该福字什么类型。

机器学习是一门多领域的交叉学科,涉及概率论、统计学、计算机科学等诸多学科。

机器学习的概念,就是通过海量训练,形成数据模型,对模型进行训练,逐步掌握数据所蕴含的潜在规律,进而对新的输入数据进行分类或预测,如图 3.6 所示。

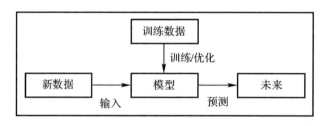

图 3.6 机器学习基本概念示意图

3.3.2 机器学习的分类

机器学习就是通过建立模型,进行自我学习。那么学习的方法有哪些呢?

1.监督学习

监督学习就是训练机器学习的模型中训练样本数据有对应的目标值。监督学习就是通过对样本因子和已知的结果建立联系,提取特征值及其映射关系。通过已知样本数据不断地学习和训练,从而再对新的数据进行结果预测。

监督学习通常有二种:分类和回归。譬如手机识别垃圾短信、电子邮箱识别垃圾邮件,都是通过对一些历史短信、历史邮件做了垃圾分类标记。对这些带有标记的数据进行模型训练,然后获取到新的短信或邮件后,与模型匹配,来识别是不是垃圾信息或邮件。这就是监督学习下的分类预测。

再举一个回归例子。比如,要预测公司的净利润,可以通过公司历史上的利润(目标值)以及跟利润相关指标,诸如营业收入、资产负债情况、管理费用等数据,通过回归的方式,建立一个回归方程,即利润与因子的相关方程式。通过输入现在的因子情况,就可以预测公司将获得的利润。

监督学习的难点是获取具有目标数据的成本较高。成本高的原因在于这些训练集要依赖人工标注。

2. 无监督学习

无监督学习与监督学习的区别,就是选取样本数据无须有目标值,无须分析这些数据对结果有什么影响,只要分析数据内在的规律。

无监督学习常用于聚类分析,譬如客户分群、因子降维等。

例如某公司要对客户进行分类:

(1)重要价值客户:最近消费时间近,消费频度和消费金额都很高。

(2)重要保护客户:最近消费时间较远,但消费金额很高。这说明仍是忠诚客户,需要公司主动保持联系。

(3)重要发展客户:最近消费时间较近,消费金额高,但频次不高,很有潜力的用户,需要重点关注。

(4)重要挽留客户:最近消费时间较远,消费频次不高,但消费金额高的用户。可能将要流失或已经流失,应该采取挽留措施。

除此之外,无监督学习也适用于降维。

3. 半监督学习

半监督学习是监督学习和无监督学习相结合的一种学习方法。通过半监督学习方法可以实现分类、回归、聚类的结合使用。

(1)半监督分类是在无类标签的样例帮助下训练有类标签样本,获得只有类标签样本训练更优的分类。

(2)半监督回归:在无输出的输入帮助下,训练有输出的输入,获得比只用有输出的输入训练,得到的回归性能更好的回归。

(3)半监督聚类:在有类标签的样本信息帮助下,获得比只用无类标签的样例,得到比结果更好的簇,提高聚类方法的精度。

(4)半监督降维:在有类标签的样本信息帮助下,找到高维输入数据的低维结构,同时,保持原维数据和对约束的结构不变。

4. 强化学习

强化学习是一种比较复杂的机器学习方法,它强调系统与外界不断地交互反馈。它主要是针对流程中不断需要推理的场景,比如无人驾驶。它更多地关注性能,这是机器学习的重点和热点。

(1)强化学习(Reinforcement Learning)。

强化学习的基本思想:如果某一个行动引起的后果较好,则在以后增加使用该行动的可能,反之,则减少。强化学习主体的一般结构如图 3.7 所示。

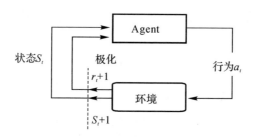

图 3.7 强化学习主体的结构

主体在 t 时刻观察到的环境状态 S_t,选择行动 a_t,得到的回报 r_t,使环境进入状态 S_{t+1};对新的环境状态 S_{t+1},选择行动 a_{t+1},得到回报 r_{t+1},如此反复进行。强化学习的实质是根据行动——回报历史,调整从状态集 S 到行动集 A 之间的映射,调整的动机是获得更好的回报。对于强化学习系统来讲,其目标是学习一个策略 $\pi:S—A$,使得动作能够获得回报的累计值最大。

实现策略调整的基本方法有两类:反应式强化学习和预期式学习。反应式强化学习的基本思想是考虑"如果……,那么应该……"。在计算经济学中有一种较新的学习算法 Roth-Erev 算法就属于反应式强化学习,近年来应用较多,该算法的基本逻辑如下:

初始化:选择各行动的倾向(Propensity)

重复:

　　根据各个行动的倾向计算选择概率

　　按概率选择行动

　　根据该行动的回报调整其倾向

返回

Roth-Erev 算法中关键的两步是行动倾向的更新和从倾向到概率的转换。行动倾向的更新方法为(改进方法,保证回报为 0 时仍然可以学习)

$$q_j(t+1) = [1-\varphi]q_j(t) + E_j(\varepsilon, k, t)$$

$$G_j(t+1) = \begin{cases} r_k(t)[1-\varepsilon], j=k \\ q_j(t)\dfrac{\varepsilon}{N-1}, j \neq k \end{cases} \qquad (3-2)$$

式中:t——时刻;

　　q_j——选择行动 j 的倾向;

　　k——上次选择的行动;

　　r_k——选择行为 k 的回报;

　　N——所有行动的个数;

　　ε——经验系数;

　　φ——更新系数。

式(3-2)含义为对上轮采取行动 k,其新的选择倾向是以前选择倾向和上轮所获回报的组合,回报越大,该行动倾向的增量也越大,而其他行动的选择倾向以相同程度发生小的调整。这样随着主体行为历史,获得较高回报的行动选择倾向就会增大,而低回报的行动选择的倾向就越小。

将倾向转换为选择概率有多种方法,较简单的一种是以相对倾向作为概率:

$$P_j(t) = \frac{q_j(t)}{\sum[q_m(t)]} \qquad (3-3)$$

每次决策按式(3－3)以随机方式选择行动,选择某行动的概率与其倾向成正比。以此实现高回报的行动比较高的机会被选中,并且其他倾向相对较低的行动也仍有机会被选择。

调整策略的另一种方法是预期式强化学习(Anticipatory RL),其基本思想是"如果这样,……那么会如何"。主体根据当前状态,推算行动后果,根据价值函数选择最优行动。比较常用的 Q 学习算法就属于预期式学习。Q 学习的基本原理如图 3.8 所示。

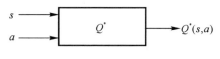

图 3.8　Q 学习的基本原理

在状态 S 下,能够最大化价值函数 $Q^*(s,a)$ 的行动就最优行动,即最优行动为

$$a^* = \arg \max Q^*(s,a)$$

理论证明,当学习率 α 满足一定条件时,Q 学习算法必然收敛于最优状态——动作对值函数。Q 学习的基本步骤如下:

初始化:任意给定初始价值函数 $Q(s,\alpha)$;

重复:在当前状态 S,根据当前估计的 Q 函数选择最优行动 α;

执行 α,得到回报 γ,环境状态变迁到 S';

按以下式更新价值函数 $Q(s,\alpha)$

$$Q(s,\alpha) \leftarrow (1-a)Q(s,\alpha) + \alpha[r + \gamma \max Q(S') - Q(s,\alpha)]$$

其中,γ 为折现率;

返回。

采用 Q 学习算法的主体,在没有任何关于环境的经验知识时,通过动作—回报对值逐步改进价值函数,最终收敛到最优行动策略。

(2)遗传算法。

强化学习算法的数学意义比较明确,应用比较广泛。除此而外,还有些研究人员模仿自然界中生物演化的基本要素来构造学习算法,如遗传算法遗传规划、深化策略等。其中遗传算法应用比较广泛。遗传算法的优点是擅长进行全局搜索,在解决全局优化问题方法上取得成功。

遗传算法的思想是依托生物进化的过程为背景,模拟生物进化中的基本步骤,将繁殖、交叉、变异竞争和选择等概念引入,不断对一组可行解重新组合、改进,实现多维空间移动,最后收敛于最优解。

将遗传算法渗透到学习机制中,虽然实现的方法多种多样,但基本思想类似。首先将状态—行动对表达为染色体,然后主体在动态环境中感知状态→选择行动→得到回报→计算适应度。根据个体的适应度指标淘汰适应度低的个体,染色体之间进行交叉,以小概率发生变异,产生下一代种群,重复进行……

例如,在多人囚徒困境博弈中,可以采用遗传算法的基本思想模拟个体的学习。

令状态 State＝(上次行动,上轮对手行动)

主体可能行动有两种:合作＝1,欺骗＝0:

则有 4 种可能的编码状态:

状态 1(1,1)　　状态 2(1,0)

状态 3(0,1)　　状态 4(0,0)

个体的一个策略就可以用位串表示,例如针锋相对(TFT)策略就是:

初始选择行动

If state 1 then choose action 1

If state 2 then choose action 0

If state 3 then choose action 1

If state 4 then choose action 0

则该策略可以编码为(11010),表示初次选择行动 1,以后若状态为 1 则选择 1,若状态为 2 则选择 2,若状态为 3 则选择 3,若状态为 4 则选择 0。

在交互过程中,两条染色体可以交叉,如:

父代(01101)与(11011)交叉,产生子代(01011)与(11101)。也可以发生变异,如(00110)→(10010)。

这样在种群中随机进行交互,获得回报,将回报映射到适应度,根据适应度进行选择,个体的策略通过交叉、变异发生变化,实现对策略空间的搜索。

(3)人工神经网络。

许多复杂系统很难用明确的公式表达输入输出之间的关系。在这种情况下,用人工神经网络(ANN)通过学习建立输入输出之间关系是可行的。人工神经网络是对生物神经系统物理结构的模拟,神经元的兴奋/抑制、相互连接的工作方式以及连接强度的变化是许多机器学习算法的基础。在主体实现时,可将 ANN 用做主体决策单元,或感知处理单元。用 ANN 模拟主体的学习时应根据主体所处的环境、任务、特点选择适宜的模型。

使用时一般采用多个神经元以带权的形式相互联结构成神经网络。ANN 的结构包括三方面:结点配置(输入、隐藏、输出结点的数量)、结点之间的连接方式、连接的权值。ANN 的结构可以通过学习进行调整,学习方式可以是无监督学习、强化学习、有监督学习等。ANN 多数采用有监督学习(训练),给定一组训练样本,通过误差校正方式进行学习。基本的过程是将样本输入送入 ANN 输入结点,得到输出,计算 ANN 输出与样本实际输出量之间的误差,对连接权值进行修正。

具体地说,图 3.9 所示人类获得信息(眼、鼻、耳、舌……)包括物质、能量、信息三大类,经过综合感知分成两路:一路本能反应(如条件反射);另一路是慎思,慎思要经自己的经验和知识(通常记忆存放着自己的经验和知识)思索,然后才作出反应。反应付诸行为,行为经过综合,成为反应的实际行动。两路反应时间不同,本能反应直接,没有经过思索过程,往往反应不当,事后要补救。

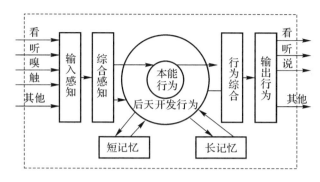

图 3.9　人工神经网络应用范例

本能反应有如下特点：

1）本能反应源于条件反射，通常是不自觉地做出的反应。明显的例子是颜色，大部分人在看到自己喜欢的颜色，往往立即做出积极反应。

2）本能反应无法直接控制，如果人烫着，立即为收缩。

3）本能反应在身体的生理上感觉到，例如笑和皱眉。成功的销售人员会注意到潜在顾客的本能反应。根据观察到的反应调整自己的销售方式。

4）人类的基本本能反应有一致性，如对甜味比较喜爱，对某些噪声比较烦恼。

深度学习跟人类认知过程一样，如图 3.10 所示，对输入信息感知，分成二路：一路直接反应，另一路慎思。不过慎思过程是对数据库、知识库、调查研究方面探索，寻求合理的反应行动。

总之，深度学习也是机器学习，不过它没有监督学习、半监督学习、无监督学习、强化学习一说，它分为浅层学习和深层学习。深层学习主要用来较复杂的场景，比如图像、文本、语言识别等。

深度学习与机器学习和人工智能的关系，如图 3.11 所示。

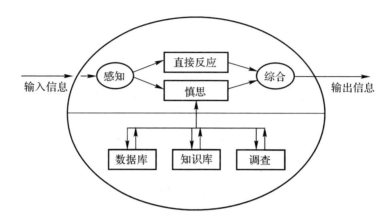

图 3.10　深度学习与人类认知过程

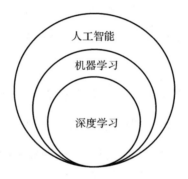

图 3.11　深度学习、机器学习和人工智能的关系

§3.4　机器学习的应用

举例说明。假定要设计一把新颖椅子。

何谓创新。通常来讲,创新有两种。一种是原创,世界上从来没有的新思想、新理论、新实物。譬如,万有引力的发现、宇宙暗物质的猜测和证实……这都是国家自然科学奖中的发明奖的范畴。另一种叫集成创新,在已存在的基础上发展,它属于国家科学进步奖的范畴。

这里指的是后者。

如何创新呢?

3.4.1　收集目标数据

采用机器学习的办法收集目标数据。通过无监督学习在世界上收集各种各样的椅子样本数据,诸如旋转和非旋转椅,高靠背和低靠背椅,软垫和硬垫椅,木质和非木质椅……做到应有尽有,如图 3.12 所示。

图 3.12　机器学习的样本数据

3.4.2　数据回归

将收集到的大量椅子数据进行数据回归,即根据组成椅子的要素进行分类回归。通常椅子有四大要素组成:

椅子 = {椅子腿,椅子坐板,椅子靠板,椅子扶手,……}

腿 = {单柱,三柱,四柱,……多柱}

坐板 = {圆型,方型,矩型,……异型}

扶手 = {无,直,圈,……}

靠背 = {无,低,中,高,……}

同时，分析各种椅子的要素对其椅子品质的效果影响，必要时分别作出标注，以便对椅子要素进行有监督学习。

3.4.3　选择创新要素

根据对椅子设计的创新要求，对椅子要素进行有监督学习，选取创新椅子的因素。

3.4.4　综合聚合

将选取的创新椅子因素聚合在一起适当改造和调整，就可以形成一把新颖的椅子。

设计一把创新椅子完成了！

说来容易，实现起来困难重重。

一般说来，物体往往用三维成像比较合适。也就是说，采集原始数据需用测距照相。三维立体相机一般是红外或激光的，点云数据都包含了距离数据。

二维数据要形成 $360°$ 可旋转模型，这里包含了无缝拼接和遮挡弥补等许多技术问题。

再说模型分割，也是图形学中的一大难点。

总之，创新只有排除万难才能实现。

第4章　系统仿真与建模

当代,研究系统最根本的方法有理论分析、科学实践和系统仿真。实际上系统仿真的建模还是离不开理论分析和科学实践,不过随着计算机科学和技术的发展,计算机仿真愈来引起人们重视,并逐步成为研究系统,特别是研究复杂系统的首选途径。

§4.1　系　统　仿　真

计算机仿真是研究系统仿真的主要形式和手段。这里的仿真就是指计算机仿真。

4.1.1　仿真的概念

仿真(simulation)于 1961 年由 G. W. 摩根·赫特(G. W. Morgan Thater)作了技术性的注释:仿真意指在实际系统尚不存在的情况下,对于系统或活动本质的复现。早期使用的仿真的工具主要是模拟计算机,因而仿真和模拟经常混为一谈。

随着仿真技术的发展,仿真计算机完全由数字计算机代替,促使人们对仿真的概念不断深化。仿真给出了相对完整的定义:计算机仿真是根据相似的原理,对对象系统(包括现实的或者虚拟的系统)进行数学建模,并在计算机中实现系统所关注的特性。仿真不是对系统全面、完整的替代,而是对研究系统目标方面的替代,也就是说仿真不是全面仿真,而是有限的仿真。用计算机来代替研究的系统的好处在于:可以无损反复地研究系统,亦便于改善研究的系统,甚至创造未来系统。因此,计算机仿真具有节省研究经费、缩短研究周期、提高研究质量、创新研究成果的优势,它已经成为新世纪研究系统的首要工具。

4.1.2 仿真的三要素及其分类

由上述可知,计算机仿真包括三个要素,即对象系统、模型与计算机。联系这三个要素的组织活动,分别为建立模型、模型编程和接口设计,以及仿真计算运行和结果。具体的计算机仿真实现过程如图4.1所示。

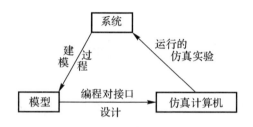

图 4.1 计算机仿真的实现过程

(1)系统是指研究的对象。研究的对象系统可能是单一系统,例如某一门火炮、一部雷达;也可以是内含多个系统的大系统。前者分类为单系统仿真,后者分类为多系统仿真。

(2)模型是指研究对象的替代形式(描述形式)。描述系统的形式包括纯数学模型、半实物半数学的混合模型和人参与的模型。根据仿真模型的不同,计算机仿真可以分为纯数字仿真、实物在回路中的仿真以及人在回路中的仿真。

(3)仿真计算机是仿真实现的必要工具。仿真计算机随着计算机科学和技术的发展逐年进步。它经历了模拟计算机(20 世纪 50—60 年代)、模拟数字混合计算机(20 世纪 60—70 年代)、数字计算机(20 世纪 80—90 年代)、分布与并行数字计算机(21 世纪前后)。

从而,可以获得计算机仿真发展的历程,并预测它的发展趋向,如图 4.2 所示。

单系统仿真→多系统仿真→复杂系统仿真

模拟机仿真→数模混合机仿真→分布多机仿真→网络仿真

纯数学仿真→实物在回路中仿真→人在回路中仿真

图 4.2　计算机仿真发展历程的趋向

由此可见,计算机仿真发展的必然趋向是复杂系统仿真、网络(网格)计算机仿真和人在回路中的智能仿真。

§4.2　研究系统的方法

凡是用系统的观点来认识和处理问题的方法,亦即把对象当作系统来认识和处理的方法。不管是理论的或是经验的,定性的或是定量的,数学的或者非数学的,精确的或是近似的都是系统方法。

4.2.1　还原论方法(reductionism)

笛卡儿(R. Descartes)是还原论方法的奠基人,他主要将整体分解为部分去研究,并强调要认识整体必须认识部分,只有部分弄清楚才可能真正把控整体。还原论的主导方法是分析、分解、还原……

首先,把系统从环境中分离出来,孤立起来研究,然后将系统分解为组成部分,把高层次还原到低层次。用研究组成部分的结果来说明整体,用低层的结果来说明高层。

还原论方法显然适用于没有涌现的孤立系统。在计算机仿真的发展初期,利用还原论方法进行计算机仿真发挥了巨大的威力,也取得了极大的成功!

其次,运用还原论方法(朴素物理学方法)进行建模,它的基本观点:系统的运动形式和规律与物理系统的运动形式和规律相似。两类系统之间具有相似性与同构性,因而,允许按照物理系统建模一样去构建一般系统的模型。在没有足够先验理论的条件下,可以集成有限现成的先验知识、专家经验和假定。选定一个适当的模型框架,然后,经验模型结构特征化,利用观察数据进行参数估计,从而建立起新的同构模型。同时,经过可信度分析,不断地修正这个模型,提高模型的可信度,以求得相对可用的模型。具体过程如图4.3所示。

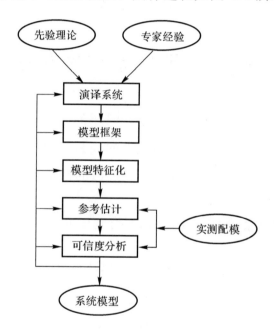

图 4.3　基于还原论的建模方法

最后,回叙还原论的仿真过程:系统在时间(或事件)的推动下,各组成部分形成本时刻的仿真局部结果,然后自下而上将局部结果综合起来形成系统该时刻的整体结果,并根据组成部分的联系将整体结果全体或者部分作用到系统各组成部分输入,且等待下一驱动时间或下一事件的到来,如图4.4所示。

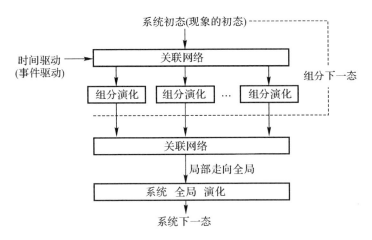

图 4.4　基于还原论的仿真过程

4.2.2　整体论的辩证方法

凡是用系统整体观点来认识和处理问题的方法统称整体论的辩证方法。不管描述系统采用何种方式：定性的还是定量的、数学的还是非数学的、精确的还是近似的、确定性的还是不确定性的，方法本身与描述建模没有关系，即整体论的辩证方法适用于任何描述。

整体论认为：系统包含了整体和局部两个部分，整体统帅局部，局部支撑整体。局部受整体的约束和支配，系统的整体性是系统组成部分特性不具备的，即系统组成部分不具备的整体性就是系统的涌现性。因此研究复杂系统不可能也不应该运用朴素的还原论。突变论的创立者托姆（Tom）主张用动力学的方法研究系统，既要从局部走向整体，又要从整体走向局部。对于从局部走向整体就是数学中解析与综合的概念，对于整体走向局部就是数学中奇异点判别的概念。一般来讲，研究复杂系统的方法就是要从宏观的整体性研究和微观的组成部分演化两个方面辩证地研究。辩证是指既要宏观到微观、又要微观到宏观，其中关键是系统涌现的宏观与微观之间的关联机制。这里明确指出它们的机制是：

宏→微：环境作用（激励和影响）。

微→宏：整体性分析与判别（相变、序变、稳定性、时空结构……）。

图 4.5 给出了基于整体论的仿真工作流程，它基于还原论的仿真流程的重要差别如下：

（1）系统初态中包含了系统全局初态和局部系统组成部分的初态，它们分别来源于组分下一态和系统下一态。这一反馈机制充分体现了整体对局部的作用，使原来还原论的仿真流程跃升成为整体论的仿真流程。

（2）在流程中增加了分析和判别机制，它们完全是为系统涌现专门设置的。因为涌现的突变源于系统从无序不稳定状态演变成有序稳定状态，或者系统从有序稳定状态跳变成新的有序稳定状态。系统的变异必须要状态分析和判别。

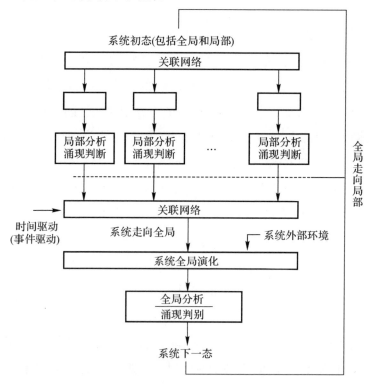

图 4.5　基于整体论的仿真工作流程

4.2.3　综合集成方法论

综合集成(meta-synthesis)是我国著名科学家钱学森、于景元、戴汝为等人在 1990 年首次在研究和处理开放的复杂巨系统时提出的方法,并定名为从定性到定量的综合集成方法。综合集成方法既超越了还原论方法又发展了整体论方法。综合集成方法的主要特征如下:

(1)定性研究与定量研究有机结合,并且贯穿系统仿真的全过程,包括系统界定、系统组成部分的分割与简化、系统的建模演化、系统整体性分析、涌现的判别……。

(2)科学理论与经验知识相结合,后来进一步提出知识体系和专家体系相结合。

(3)应用系统思维把多种学科结合起来综合研究,形成交叉科学和新兴科学。

(4)继承整体论辩证的方法来研究系统,即将宏观研究与微观研究辩证地统一起来。

(5)利用当代计算机体系的智能成果,将机器体系、专家体系和知识体系结合起来,这就是 1992 年我国著名科学家钱学森提出的综合集成研究厅的体系。

简单来说,综合集成方法就是人类集体智慧、现代计算机技术和整体论辩证方法相结合起来构成一个高度智能化的人—机结合体系,这个体系具有综合优势、整体优势和智能优势。它能把人类的思维,思维的成果,人的经验、知识、智慧以及各种情报、资料和信息统统集成起来,从多方面的定性认识上升到定量认识。综合集成方法是以思维科学为基础的,从思维学角度来看,人脑和计算机都能有效地处理信息,两者的区别有极大的差别。人脑的一种思维是抽象的逻辑思维,它是定量、微观处理信息的方法;另一种是形象思维,它是定性、宏观处理信息的方法。逻辑思维和形象思维相结合,即宏观与微观相结合,定性和定量相结合才能形成人类的创造性思维,因此,人脑是创造性的源泉。而当今的计算机处理速度很快,能精确地进行逻辑思维,给人类的逻辑思维提供很好的帮助,我国著名数学家吴文俊的机器定理证明了这一点,但现代计算机不能在形象思维方面给人们有效的帮助,至于创造性思维就只能靠人脑了。

研究复杂性系统虽然采用整体论辩证方法解决了自下而上和自上而下的整体局部的关系问题,但如何实践? 如何对复杂系统具体化,给出实用的演化模型、环境影响、分析处理和涌现判别。特别是针对复杂巨系统(社会系统、生命系统、战场系统……),它们往往具有跨学科、跨领域的特点,对可研究的问题能提出经验性假设,通常不是一个专家,甚至也不是一个领域专家能提出来的,而是由不同领域、不同学科专家构成的专家体系,依靠群体的知识和智慧。即使这样,一般也只能做到定性描述,要证明其正确与否,仅靠自然科学和数学中所有的各种方法就显得力所不能及了。那么出路在哪里呢? 综合集成论给出了人机结合、以人为主的研究方法。充分发挥机器的逻辑思维优势和人脑的形象思维能力,实现信息、知识和智慧的综合集成,其中包括不同领域的科学理论和经验知识、定性知识和定量知识、理性和感性知识,以及人机交互、反复比较,逐步逼近。综合集成方法就是运用专家体系合作以及专家体系与机器体系合作完成复杂系统整体论的研究方法。它们之间的相互关系如图 4.6 所示。

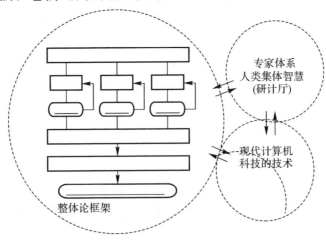

图 4.6 整体局部的相互关系

§4.3　系统的辨识与建模

系统辨识，一般是指不考虑系统自组织涌现，又不涉及环境作用的情况下，从系统外部对系统的认识，它是通过含有噪声的输入法输出数据建立起来的，以系统为对象的数学模型实现的一种理论和方法。这里的系统同样运用分系统或者基元。

4.3.1　系统辨识的基本原理

1.系统辨识的定义和基本要素

实验和观察是人类了解客观世界的最根本手段。在科学研究和工程实践中，利用实验和观察到的信息（数据），从中获得系统各种现象的规律性，或者系统本身的特性。这种获得知识的方式就是对系统的辨识。关于系统的辨识定义，1962 年扎德(L. A Zadeh)是这样给出的："系统辨识就是在系统输入和输出数据观察的基础上，在指定一组模型类中，确定一个与对象系统等价的模型。"1978 年，L. Ljung 也提出了一个定义："辨识即是按照规定准则在一类模型中选择一个与数据（信息）拟合得最好的模型。"

上述两个定义中，L. A Zadeh 的定义较为严格，但要找出一个与实际系统完全等价的模型是比较困难的。而 L. Ljung 的定义相对比较实用，辨识的实质可以理解为数据（信息）拟合优化。可以用图 4.7 来说明辨识建模的思想。

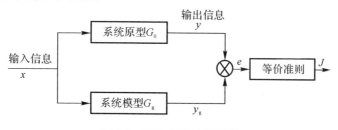

图 4.7　系统辨识建模原理

图 4.7 中等价准则的表达式为 $J(y \cdot y_g)$，它是误差 e 的函数。系统原型 G_0 和系统模型 G_g 在同一个输入信息 x 的作用下，产生系统原型的输出为 y 和系统模型的输出为 y_g，二者误差为 e，经等价准则处理后，去修正模型参数，这样反复进行直到误差满足代价参数最小为止。该数学的描述为

$$J(y - y_g) = f(e)$$

式中：$f(e)$ 为准则参数的表达式。而辨识的目的为找出一个模型 G_g $\in \varphi$，而 φ 给定模型类，即

$$J(y - y_g) \to \min$$

则有

$$G_g \approx G_0$$

此时，系统 G_0 被模型 G_g 可辨识。

由此可见，系统辨识的过程包含了三大要素，即输入/输出信息（x、y、y_g），模型类（G_g），等价准则 $J(y \cdot y_g) = f(e)$。其中：信息是辨识的基础，准则是辨识的优化目标；模型类是寻找模型的范围。辨识的实质就是从一组模型类中选择一个模型，按照某种准则，使之能最好地拟合所研究的系统动态特性。

2. 系统辨识的等价准则

如前可述，在系统辨识的过程中，一个很重要的概念是对象系统与选择模型之间的近似（相似）度，它是由等价准则决定的。等价性是通过引入评价函数 $f(e) = J(y - y_g)$ 来判别。对于几种相同的输入 x，若对象系统输出为 y，而模型的输出为 y_g，此时二者输出的偏移量（误差）为 $e = y - y_g$。通常采用的准则函数有连续输入函数和离散输入函数。

连续输入函数的情况下，有

$$J(y, y_g) = \int_{t-T}^{t} [y(t) - y_g(t)]^2 \mathrm{d}t = \int_{t-T}^{t} e^2(t) \mathrm{d}t$$

离散输入函数的情况下，有

$$J(y,y_g) = \sum_k^N | \quad y,y_g) |^2 = \| e \|^2$$

在给定的模型中,当模型 G_g 使准则函数最小时,定义选择模型 G_g 与对象系统 G_0 等价。因此,辨识就是使准则函数最小的模型 G_g 的最优化问题。若模型类已确定,则辨识就归结为对模型参数的最优化问题。

进一步可知,准则函数 $J(y-y_g)$ 是表述对象系统输出 y 和选择模型输出 y_g 之间的函数关系。常用的方式是表示成误差的函数,写成 $J(y-y_g) = f(e)$。如上所述,误差函数 $f(e)$ 一般采用平方误差准则 e^2。误差又可以细分为输出误差、输入误差和广义误差。

（1）输出误差:令输出误差为

$$e = y - y_g$$

输出误差通常是参数的非线性函数,故由此误差准则进行参数辨识是一种复杂的非线性最优化问题。辨识参数的计算非常繁琐和复杂。当误差与参数的关系是一次函数时,称模型是关于参数线性的。要注意的是,系统线性和模型的参数线性是不同的两个概念。参数线性模型按照最小均方误差准则,采用最小二乘法（LS）,可以简便地进行参数辨识。

（2）输入误差:令输入误差为

$$e(t) = x(t) - x'(t) = x(t) - G^{-1}g[y(t)] \tag{4-1}$$

式（4-1）可用图 4.8 来解释。图中对象系统 G_0 可选择的逆模型用 G_g^{-1} 来代表,对象系统的输入函数如 $x(t)$,对应的输出函数为 $y(t)$。

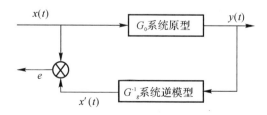

图 4.8　输入误差示意图

(3)广义误差:将上述输入误差和输出误差综合起来而成为广义误差,该定义为

$$e(t)=G_2^{-1}[y(t)]-G_1[x(t)] \qquad (4-2)$$

式(4-2)可用图4.9来解释。图中系统选择的模型用 G_1 表示,它的逆模型用 G_2^{-1} 表示,系统的原型则表示为 G_0,对象系统的输入和输出时间函数分别为 $x(t)$ 和 $y(t)$。

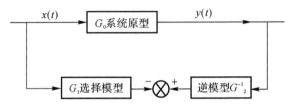

图 4.9　广义误差的示意图

在广义误差中,特别常用的是方程式误差。例如对离散时间系统,当 G_1 和 G_2^{-1} 分别为

$$G_2^{-1}:A(q^{-1})=1+a_1q^{-1}+a_2q^{-2}+\cdots+a_nq^{-n}$$

$$G_1:B(q^{-1})=b_1q^{-1}+b_2q^{-2}+\cdots+b_nq^{-n}$$

则方程误差可表示为

$$e(t)=A(q^{-1})y(t)-B(q^{-1})x(t)$$
$$=[y(k)+a_1y(k-1)+a_2y(k-2)+\cdots+a_ny(k-n)]-$$
$$[b_1x(k-1)+b_2x(k-2)+\cdots+b_nx(k-n)]$$

显然,其误差准则为

$$J(\theta)=\sum_{k=1}^{L}[A(q^{-1})y(t)-B(q^{-1})x(t)]$$

式中:θ——方程中的参数。

当给定输入和输出 x 和 y 时,误差是参数性的,即误差准则函数 $J(\theta)$ 的模型参数具有线性空间。

4.3.2　系统描述的数学模型

一个动态系统按其描述方法和分析定义域不同,可用不同的数学

模型来表达。可以在系统辨识过程中,弄清各类数学模型的表达形式、相互转换及应用场合十分必要。

按照系统施加信息的特征可分为连续模型与离散模型两大类。连续系统施加的是连续信号,而离散系统施加的是离散信号。随着计算机仿真应用的日益发展,离散数字量作为建模已经成为建模的主流。

按照系统分析的定义,数学模型可分为时间域(时域)和频率域(频域)两种。经典控制论中的微分方程和现代控制方法的状态空间方程都是属于时域范畴,离散方程和离散状态空间方程也是如此。传递函数和传递函数矩阵属于频域范畴,其相应的在离散模型中有 z 变换传递函数。在以往,一般典型的控制论中多采用频域传递函数。而现代控制论和计算机仿真中大多采用时域状态空间方程建模。

对于计算机仿真而言,这里更关心的是时域离散方程的建模。

此外,动态系统可按描述模型的方式分为参数型和非参数型。参数型是指用模型的系数来描述系统,如离散状态空间方程中的系数矩阵;非参数型是指模型用响应曲线来描述,如时域中的脉冲响应模型。从发展上看,在以往动态系统的设计与分析中,非参数模型曾得到较为广泛的应用。但随着计算机技术的发展,参数模型已成为数字建模的主要方法。

1. 连续系统参数模型

如图 4.10 所示的一个线性连续系统,它可以分别用时域的微分方程或频域的传递函数来表示。假定该系统具有连续时间、线性定常数的特征,且在单输入量 $u(t)$ 的作用下获得单输出量 $y(t)$。这种系统通常称为 SISO 连续系统,它的动态特性可以用 n 阶微分方程来描述:

$$\frac{\mathrm{d}^{n_a}}{\mathrm{d}t^{n_a}}y(t) + a_1\frac{\mathrm{d}^{n_{a-1}}}{\mathrm{d}t^{n_{a-1}}}y(t) + \cdots + a_{n_{a-1}}\frac{\mathrm{d}}{\mathrm{d}t}y(t) + a_{n_a}y(t) =$$

$$b_1\frac{\mathrm{d}^{n_b}}{\mathrm{d}t^{n_b}}u(t) + \cdots + b_{n_{b-1}}\frac{\mathrm{d}}{\mathrm{d}t}u(t) + b_{n_b}u(t) \quad (n_a \geqslant n_b) \quad (4-3)$$

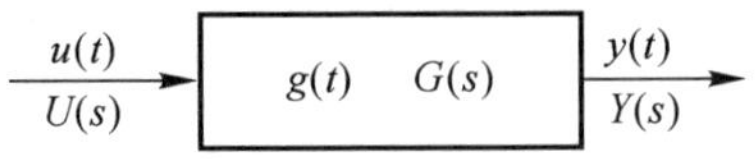

图 4.10 SISO 连续系统示意图

微分方程$(4-3)$的系数 $a_i(i=1,2,\cdots,n_a)$ 和 $b_j(j=1,2,\cdots,n_b)$ 与系统的阶 n_a 和 n_b 决定了该系统的动态特征。它们也是辨识系统要辨识的参数。这种用微分方程式描述系统动态过程的方法称为时域法。

如果对上述微分方程进行拉普拉斯(Laplace)变换,且假定初始条件为零的情况下,则可写成函数的形式

$$(s^{n_a}+a_1s^{n_a-1}+\cdots+a_{n_{a-1}}s+a_{n_a})Y(s)=$$

$$(b_1s^{n_b}+\cdots+b_{n_{b-1}}s+b_{n_b})U(s)$$

进而获得其传递函数

$$G(s)=\frac{Y(s)}{U(s)}=\frac{b_1s^{n_b}+\cdots+b_{n_{b-1}}s+b_{n_b}}{s^{n_a}+a_1s^{n_a-1}+\cdots+a_{n_{a-1}}s+a_{n_a}}$$

可简写为

$$G(s)=\frac{B(s)}{A(s)}$$

式中:$Y(s)$、$U(s)$——分别是 $y(t)$ 和 $u(t)$ 的拉普拉斯变换,

  s——拉普拉斯变换算子;

$A(s)$ 和 $B(s)$ 分别为传递函数的分母多项式和分子多项式。

即有

$$\left.\begin{array}{l}A(s)=s^{n_a}+a_1s^{n_a-1}+\cdots+a_{n_{a-1}}s+a_{n_a}\\B(s)=b_1s^{n_b}+\cdots+b_{n_{b-1}}s+b_{n_b}\end{array}\right\} \qquad (4-4)$$

动态系统的上述模型[见式$(4-4)$]也可推广到多输入、多输出系统(通常称为 MIMO 系统),考虑一个是具有 m 个输入和 r 个输出的系统,定义输入向量 $U(s)$ 和输出向量 $Y(s)$,并记作:

$$\left.\begin{array}{l}\boldsymbol{U}(s)=[U_1(s),U_2(s),\cdots,U_m(s)]^\mathrm{T}\\\boldsymbol{Y}(s)=[Y_1(s),Y_2(s),\cdots,U_r(s)]^\mathrm{T}\end{array}\right\} \qquad (4-5)$$

式(4-5)传递函数 $G_{ij}(s)$ 即为一个矩阵方程:

$$\begin{bmatrix} Y_1(s) \\ Y_2(s) \\ \vdots \\ Y_r(s) \end{bmatrix} = \begin{bmatrix} G_{11}(s) & G_{12}(s) & \cdots & G_{1m}(s) \\ G_{21}(s) & G_{22}(s) & \cdots & G_{2m}(s) \\ \vdots & \vdots & & \vdots \\ G_{r1}(s) & G_{r2}(s) & \cdots & G_{rm}(s) \end{bmatrix} = \begin{bmatrix} U_1(s) \\ U_2(s) \\ \vdots \\ U_m(s) \end{bmatrix}$$

图 4.11 所示为多输入/多输出连续系统示意图。一个多输入/多输出的动态系统还可用状态空间方程式来表示:

$$\left. \begin{array}{l} \dot{\boldsymbol{X}} = \boldsymbol{A}(t)\boldsymbol{X}(t) + \boldsymbol{B}(t)\boldsymbol{U}(t) \\ \boldsymbol{Y}(t) = \boldsymbol{C}(t)\boldsymbol{X}(t) + \boldsymbol{D}(t)\boldsymbol{U}(t) \end{array} \right\} \qquad (4-6)$$

式中:$\boldsymbol{X}(t)$——n 维状态向量;

$\boldsymbol{U}(t)$——m 维状态向量;

$\boldsymbol{Y}(t)$——r 维状态向量;

$\boldsymbol{A}(t)$——$n \times n$ 阶系数矩阵;

$\boldsymbol{B}(t)$——$n \times m$ 阶控制矩阵;

$\boldsymbol{C}(t)$——$r \times n$ 阶输出矩阵;

$\boldsymbol{D}(t)$——$r \times m$ 阶前馈矩阵。

式(4-6)中如果 $\boldsymbol{A}(t)$、$\boldsymbol{B}(t)$、$\boldsymbol{C}(t)$ 和 $\boldsymbol{D}(t)$ 都是与时间无关,即 $\boldsymbol{A}(t) = \boldsymbol{A}, \boldsymbol{B}(t) = \boldsymbol{B}, \boldsymbol{C}(t) = \boldsymbol{C}, \boldsymbol{D}(t) = \boldsymbol{D}$。则该系统为多输入/多输出定常系统,它的状态空间方程可简化为

$$\left\{ \begin{array}{l} \boldsymbol{X}(t) = \boldsymbol{A}\boldsymbol{X}(t) + \boldsymbol{B}\boldsymbol{U}(t) \\ \boldsymbol{Y}(t) = \boldsymbol{C}\boldsymbol{X}(t) + \boldsymbol{D}\boldsymbol{U}(t) \end{array} \right.$$

图 4.11 MIMO 系统示意图

2. 离散系统的参数模型

若系统的描述为一个或者多个变量仅在离散的瞬间改变它们的

数值,这样的系统描述模型称做为离散时间系统。和连续系统相似,一个线性离散的动态系统可以用时域的差分方程或频域的 z 变换传递函数来表示。

在单变量且不考虑系统干扰的情况下,其离散输入量 $u(k)$ 及输出量 $y(k)$ 之间关系表示为如下差分方程式:

$$y(k)+a_1 y(k-1)+\cdots+a_n y(k-n_a)=$$
$$b_1 u(k)+\cdots+b_n u(k) \qquad (n_a \geqslant n_b) \qquad (4-7)$$

若引进后移算子 q^{-1},并定义

$$q^{-1} y(k)=y(k-1)$$

再用多项式表示:

$$\begin{cases} A(q^{-1})=1+a_1 q^{-1}+a_2 q^{-2}+\cdots+a_{n_a} q^{-n_a} \\ B(q^{-1})=b_1+b_2 q^{-1}+\cdots+b_{n_b} q^{-n_b} \end{cases}$$

则离散动态系统的差分方程,可简化为如下形式:

$$A(q^{-1})y(k)=B(q^{-1})u(k)$$

若对上式进行 z 变换,且假定初始条件为零[即 $y(k)=u(k)=0,k<0$ 时],可获得

$$(1+a_1 z^{-1}+\cdots+a_{n_a} z^{-n_a})Y(z)=$$
$$(b_1+b_2 z^{-2}+\cdots+b_{n_b} z^{-n_b})U(z) \quad n_a \geqslant n_b$$

式中:z——傅里叶变换算子,则 z 传递函数

$$H(z)=\frac{Y(z)}{U(z)}=\frac{b_1+b_2 z^{-1}+\cdots+b_{n_b} z^{-n_b-1}}{1+a_1 z^{-1}+\cdots+a_{n_a} z^{-n_a}}$$

在系统辨识中,线性离散系统的参数模型还可以采用其他的等价形式来表示:

(1)ARX 模型。它有如下形式:

$$A(q^{-1})y(k)=q^{-d}B(q^{-1})u(k)+v(k)$$

其中多项式为

$$\left. \begin{array}{l} A(q^{-1})=1+a_1 q^{-1}+\cdots+a_n q^{-n_a} \\ B(q^{-1})=b_1+b_2 q^{-1}+\cdots+b_{n_b} q^{-n_b} \end{array} \right\} \qquad (4-8)$$

式中：系数 $a_i(i=1,2,\cdots,n_a)$ 和 $b_j(j=1,2,\cdots,n_b)$ 是表现系统动态行为的参数。如果这些参数为常数，那么系统是定常系统。若这些参数的值是取决于离散时间参数 k，则系统是时变系统。系统辨识就是要去识别方程中各个系数 $a_i(i=1,2,\cdots,n_a)$ 和 $b_j(j=1,2,\cdots,n_b)$，而 n_a 和 n_b 分别为相应的多项式阶次，d 表示对象的纯时间滞后系数。$v(k)$ 的增加项是为了适用于系统受干扰的情况，$v(k)=0$ 时称为白噪声。存在干扰 $v(k)$ 的系统称为随机型动态系统，不存在干扰 $v(k)$ 的系统称为确定型动态系统。

（2）ARMAX 模型。ARMAX 模型具有如下形式：

$$A(q^{-1})y(k)=q^{-d}B(q^{-1})u(k)+C(q^{-1})v(k)$$

或者

$$\begin{cases} A(q^{-1})y(k)=q^{-d}B(q^{-1})u(k)+e(k) \\ e(k)=C(q^{-1})v(k) \end{cases}$$

而其中的多项式为

$$\left.\begin{aligned} A(q^{-1})&=1+a_1q^{-1}+a_2q^{-2}+\cdots+a_{n_a}q^{-n_a} \\ B(q^{-1})&=b_1+b_2q^{-1}+\cdots+b_{n_b}q^{-n_b} \\ C(q^{-1})&=1+c_1q^{-1}+\cdots+c_{n_c}q^{-n_c} \end{aligned}\right\} \tag{4-9}$$

同理，其中的 n_a、n_b 和 n_c 分别代表相应多项式的阶次；系数 a_i,b_j 和 c_x 是系统辨识的任务；d 为对象的纯时延。不过，系统外界的扰动项由 $v(k)$ 变成了 $e(k)=C(q^{-1})v(k)$。这是因为考虑系统有更为复杂的扰动——有色噪声信号。

（3）Box-Jenkins 模型。Box-Jenkins 模型简称为 BJ 模型，它具有下面的形式：

$$\varphi(k)=\frac{B(q^{-1})}{F(q^{-1})}u(k-d)+\frac{C(q^{-1})}{D(q^{-1})}v(k) \tag{4-10}$$

多项式分别为

$$B(q^{-1}) = b_1 + b_2 q^{-1} + \cdots + b_{n_b} q^{-n_b}$$

$$F(q^{-1}) = 1 + f_1 q^{-1} + \cdots + f_{n_f} q^{-n_f}$$

$$C(q^{-1}) = 1 + c_1 q^{-1} + \cdots + c_{n_c} q^{-n_c} \qquad (4-11)$$

$$D(q^{-1}) = 1 + d_1 q^{-1} + \cdots + c_{n_d} q^{-n_d}$$

在 BJ 模型的辨识中,需要辨识的系数更多、任务更为繁重,但描述也更为细微。

(4)输出误差模型。输出误差模型具有下面的形式:

$$\varphi(k) = \frac{B(q^{-1})}{F(q^{-1})} u(k-d) + \nu(k) \qquad (4-12)$$

并令多项式为

$$B(q^{-1}) = b_1 + b_2 q^{-1} + \cdots + b_{n_b} q^{-n_b}$$

$$F(q^{-1}) = 1 + f_1 q^{-1} + \cdots + f_{n_f} q^{-n_f} \qquad (4-13)$$

(5)状态空间模型。状态空间模型适用于描述平变量系统,也适用于描述多变量系统,其形式如下:

$$\begin{cases} x(k+1) = \boldsymbol{A}x(k) + \boldsymbol{B}u(k) + e(k) \\ y(k) = \boldsymbol{C}x(k) + \boldsymbol{D}u(k) \end{cases}$$

式中:$\boldsymbol{A}$、$\boldsymbol{B}$、$\boldsymbol{C}$、$\boldsymbol{D}$ 和 $\boldsymbol{F}$——状态空间模型的系数矩阵;

　　　　$e(k)$——外界干扰噪声信号,可采用线性组合表示,即 $e(k) = Fv(k)$,因而有

$$\begin{cases} x(k+1) = \boldsymbol{A}x(k) + \boldsymbol{B}u(k) + \boldsymbol{F}v(k) \\ y(k) = \boldsymbol{C}x(k) + \boldsymbol{D}u(k) \end{cases}$$

3.连续系统的非参数模型

非参数模型是指从系统实验过程中,直接或间接所获得的响应,无法用对象有限参数的模型来表示,对于非参数模型不必选择模型结构,更不必要估计模型的参数,因此,它更适用于描述任意复杂的系统。

对于连续系统的非参数模型而言,任何一种输入激励信号 $u(t)$ 可

以分解为脉冲信号之和(或阶跃信号之和),根据叠加原理,在起始条件都为零的情况下,线性时不变系统的输出脉冲响应(或阶跃响应)可以用输入激励信号 $u(t)$ 和输出脉冲响应函数 $g(t)$ 乘积的积分来表示,即

$$y(t) = \int_0^\infty g(t) u(t-\tau) \mathrm{d}\tau$$

也可写成

$$y(t) = \int_0^\infty g(t-\tau) u(t) \mathrm{d}\tau$$

如果输入激励信号为单脉冲时,即 $u(t) = \delta(t)$,则有

$$y(t) = \int_0^\infty g(t) u(t-\tau) \mathrm{d}\tau = g(t) \tag{4-14}$$

系统的脉冲响应 $g(t)$ 完全描述了系统的特性,因此,能辨识出系统的脉冲响应也就是实现了对系统的辨识。式(4-14)说明,在一个线性系统中,只要已知它的脉冲响应函数,在输入信号的作用下,可以完全确定它的输出信号 $y(t)$。通常一个系统的脉冲响应函数常用曲线的形式给出,可以通过积分求得的输出信号,也可以用曲线的形式来表现

对于多输入、多输出系统,同样可以列出第 i 个输出 $y_i(t)$ 的积分表达式。

$$y_i(t) = \sum_{j=1}^z \int_0^\tau u_j(t) g_{ij}(t-\tau) \mathrm{d}\tau \tag{4-15}$$

式中:$g_{ij}(t)$——第 j 个输入端对第 i 个输出端的脉冲响应。

由式(4-15)可知,在某一个时刻 t 时,第 i 个输出端的总的输出信号 $y_i(t)$ 应是 τ 个输入信号 $u_j(t)(j=1,2,\cdots,\tau)$ 的累加结果。同时奠定了时域相关辨识法的基础。

对脉冲响应函数 $g(t)$ 进行傅里叶变换,即形成频率响应函数 $G(f)$

$$G(f) = \frac{B(f)}{A(f)}$$

频率响应 $G(f)$ 在直角坐标中为伯德图的幅频特性和相频特性；在极坐标中表示为奈奎斯特图。这些频域响应曲线在频率域中描述了系统的动态特性，结合快速傅里叶变换（FFT）可以构成频域辨识法。

从系统辨识的观点来看，非参数模型具有一些独特的优点。首先，在确定一个系统的脉冲响应（或频率响应）时，对系统可需的先验知识比参数模型来得少，例如因为辨识结果直接就是曲线，故无须考虑参数模型中的阶次和时延等问题。其次，在引入相关滤波的概念后，处理噪声也可获得满意的结果。

4. 离散系统的非参数模型

离散系统也可用非参数模型来描述。它的表达形式称为权序列。定义该系统在时刻 $t=0$ 时的初始条件为零，受到一个单位脉冲 $\delta(t)$ 函数激励后获得系统响应为权序列，记作

$\{h(k)\}(k=1,2,\cdots,)$ 则系统输入和输出关系可写成

$$y(k)=\sum_{i=0}^{k}h(k-j)u(i)$$

对权序列 $\{h(k)\}$ 进行 z 变换，形成脉冲传递函数 $H(z)$，有

$$H(z)=Z\{h(k)\}=\sum_{k=0}^{\infty}h(KT)z^{-k}$$

进一步考察离散参数模型中传递函数 $H(z)$ 和离散非参数模型的权序列 z 变换之间的关系，则有

$$H(z)=\frac{b_0+b_1z^{-1}+\cdots+b_{n_b}z^{-n_b}}{1+a_1z^{-1}+\cdots+a_{n_a}z^{-n_a}} \tag{4-16}$$

$$=h_0+h_1z^{-1}+h_3z^{-2}+\cdots$$

式（4-16）可写成

$$b_0+b_1z^{-1}+\cdots+b_{n_b}z^{-n_b}$$

$$=(h_0+h_1z^{-1}+h_3z^{-2}+\cdots)(1+a_1z^{-1}+\cdots+a_{n_a}z^{-n_a})$$

比较两边的系数，可获下列关系式：

$$\sum_{j=0}^{i} a_j h(i-j) = \begin{cases} b_i, i=0,1,\cdots,n_b \\ 0, \ i \geqslant n_b \end{cases}$$

由此可见,差分方程的系数 a_i、b_i 与权序列之间的内在关系。

与连续系统的传递矩阵相对应,对一个具有 m 个输入 r 个输出的多变量离散系统,可以得到 $m \times \tau$ 阶权矩阵 $\boldsymbol{H}(k)$,有

$$\boldsymbol{H}(k) = \begin{bmatrix} h_{11}(k) & h_{12}(k) & \cdots & h_{1m}(k) \\ h_{21}(k) & h_{22}(k) & \cdots & h_{2m}(k) \\ \vdots & \vdots & & \vdots \\ h_{r1}(k) & h_{r2}(k) & \cdots & h_{rm}(k) \end{bmatrix} \qquad (4-17)$$

式(4-17)第 i 行第 j 列的元素 $h_{ij}(k)$ 表示在第 k 个采样时刻,第 i 个输出与第 j 个输入的权序列。

§4.4　基于系统动力学的建模方法

系统动力学(System Dynamics)是美国麻省理工学院福莱斯特(J. W Forrester)教授创建的一门新兴学科。它是一种以反馈控制理论为基础,适合于计算机仿真的研究复杂系统动态的定量方法。它是将系统结构与功能状态的因果关系图式模型,通过组成部分相互作用、相互依存、相互制约,即反馈和控制原理,最终建立系统的动态模型。

系统动力学主要是分析系统状态行为的变化趋势、控制对策(包括环境的作用),以及自组织现象和涌现的突然。显然非常适合于复杂系统的建模与分析,不过它不能给出仿真的精确结果。

4.4.1　系统动力学建模基础

系统动力学研究对象系统是从分析系统因果反馈结构开始的。因果反馈结构是指由两个或者两个以上具有因果关系的变量,以因果

关系彼此连结,形成回路结构。系统关联结构可以描述为一个或者多个反馈回路变量之间的作用或者被作用的关系。揭示系统内部信息流向和作用过程。一个复杂系统的关联结构通常包含了多种正/负反馈回路描述系统关联结构,这里采用因果关系图、流图等。

1. 系统关联作用的因果关系

这里的图形方法主要用在构思模型的初始阶段,一般都为非技术性地并且较为直观地描述系统结构时使用,它既是建立动力学模型的初始假定,也是不同领域专家互相沟通的原始桥梁。

2. 因果关系的表示

按照关联的作用因果性质来分。因果关系分为两类,即正因果关系(Positive Causal Relation)和负因果关系(Negative Causal Relation)。并且定义为:如果 A 变量增加,B 变量随之增加,即 A、B 的变化方向一致,这种 A 因 B 果的关系为正因果关系,用符号"＋"来表示;如果 A 变量增加,促使 B 变量减少,那么这种 A 因 B 果关系为负因果关系,用符号"－"来表示。图 4.12 给出了因果关系示例。

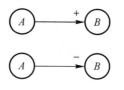

图 4.12　因果关系表示图

3. 因果关系链及其极性

在系统中组成部分之间关联是十分复杂的,互相之间的作用有递推性质。例如,A 组成部分是 B 组成部分的原因,而 B 组分又是 C 组分的原因,则 A 组分同样也是 C 组分的原因。如果用因果关系的箭头来描述,就形成了一条因果链。显示因果链的正负效果,这里称链的极性。如果在因果链中含有偶数个负因果箭,那么该因果链是正极性,即起始因果箭和中止结果箭的结果是正因果关系;反之,若因果链中含有奇数个负的因果箭,则因果链是负极性,这种递推规律可表述为因果链极性符号与因果极性乘积相同。

4. 因果关系图

系统的内部组成部分之间的相互关系是构成因果关系的客观基础。要构造系统动力学模型又依赖于系统组成部分的因果关系图。如何来绘制系统因果关系图呢？下面通过一个城市系统来说明。

一个城市系统,通常包括人口、经济、环境、土地等组成部分,它们之间的关联、相互作用可简化为如下因果关系:

在一个城市里,如果该市就业机会增加就会吸引其地区人口迁入,人口迁入又导致城市人口的增加;城市人口的增加又导致商业和工业活动的增长;商业和工业活动的增长产生了对职工的需求,对职工的需求又提供了就业机会的扩大,这就形成了如图 4.13 所示的正因果关系闭合环。

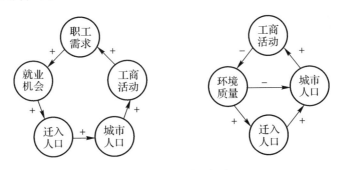

图 4.13　正因果关系闭合环

进一步分析,随着城市人口和工商活动的增长,对城市污染日益严重,环境质量下降,从而导致城市的吸引力减弱,使得迁入人口减少,这就形成了如图 4.14 所示的两个因果嵌套关系,即它们是负反馈环。

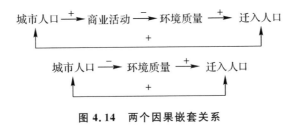

图 4.14　两个因果嵌套关系

再考虑人口与土地的关系，随着城市人口的增长，住宅占城市的面积要扩大，逼使工商活动的土地面积减少，从而抑制了城市工商活动的发展，反而使职工需求量降低，就业机会减少，迁入人口受限，最后抑制了人口的增长，形成了如图4.15所示的负反馈环。

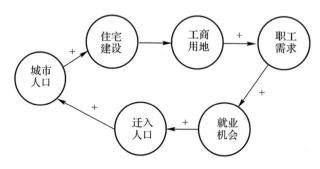

图 4.15　负反馈环的关系链

根据上述分析，综合起来就可以获得城市的因果关系图，如图4.16所示。

值得注意的是，一个复杂系统往往是包含若干正/负反馈环。正/反馈起自我强化的作用，负反馈起自我调节的作用。因此，系统的外部特性会呈现"增长""负增长"或者相对稳定的状态。随着时间的推移，城市会发生变化，对于城市来说，最为活跃、最为主要的组成部分是人口和土地。当城市发展到一定程度时就会突破原有的城市规模，出现新的城市、新的规模。

4.4.2　系统动力学模型构造

系统动力学模型是一种基于系统关联因果关系链为框架以及链上流动的状态控制为内容的模型构造，除了要注意在系统活动过程中产生的实体流（物质流、能量流和信息流）之外，还要十分注意控制流的机构。前者是属于被控对象，而后者是影响很大的决策控制依据。

1. 模型构造的要素

系统动力学模型构造的主要因素包括流位、流率和决策机构。下

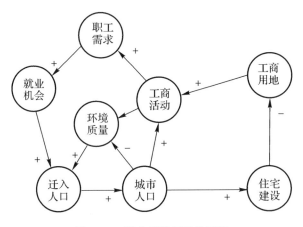

图 4.16　城市系统因果关系图

面分别来描述。

（1）流位。

流位是系统内部组成部分的状态定量描述,也是系统内部量化指标(也称积累量),其值是前次积累的输入流量与输出流量之差的和。假定测量的时间间隔为 DT,流位变量的流入速度为 R_1,输出流速为 R_2,前次存余的积累量为 L_0,则系统内部(组成部分)在测量时间 DT 后,它的位流瞬时值为

$$L = L_0 + (R_1 - R_2) DT$$

具体来说,流位的状态值取决于输入流和输出流的大小以及间隔时间(延时时间)。

（2）流率。

流位描述了系统中实体的状态,流率描述了单位时间内流位的变化率,流率是控制流量的变量。随着系统状态的变化,系统的流率、各个流位也都会随之发生改变。在不同的状态下,流率方程式的确也有所不同,要具体情况具体分析。根据不同的流率可以形成不同类型的流位:

1)自我型流位,其输出流率只与流位本身的大小和延时大小有关,即系统内部流位来决定输出流率;

2)非平衡型流位,其输出流率由流外的因素决定;

3)途中有延时的流位,输入输出流率相等,流位的大小等于途中耽搁时间乘以流率。

(3)决策机构。

决策机构是指根据流位传来的信息所确定的决策函数(即流率)的子构造,也称为决策。通过修改模型的决策机构,就可以体现各种不同的决策方案,一旦这个决策机构为量化,就可以用计算机来仿真。例如人口总数的控制,可以通过人口的出生率来实现,而由影响出生率的各种信息确定的出生率就是人口控制系统的决定函数或称控制策略。

图4.17给出了决策的过程,它表明了决策机构来源于各流位的状态信息,这些信息又同实体流发生关系,决策的操作则改变实体流状态。

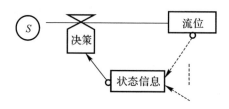

图4.17 决策结构示意图

由此可见,决策机构往往处在关系链中,并形成了决策、行动、流位和信息一体化的流程。这里的决策机构实质上就是本书前面所述的状态传递函数。传递函数是研究系统的关键。

2.系统流图及其基本符号

因果关系图能够对系统内部组成和关联进行真实、清晰的描述,对于建模人员了解系统结构很有意义。但因果关系图难以标出系统要素的特征与属性,特别是不能表示不同性质的变量的区别。例如因果关系图无法表示系统动力学中最重要的概念——状态变量的积累概念。因此,系统动力学建模必需在关系图上进一步研究流程,即流图。

流图的形式基于两个方面:针对不同特征与类属的因素采用不同的符号标记;针对要素不同的联系方式,即不同流采用不同的连线形式。在流图中,始终要用流的概念来表示系统结构(包括系统组成部分和关联)。也就是说,SD 流图实际上是用"水流"的蓄存、释放和流向的控制过程把系统的动态特性充分地模拟出来。

从系统因果关系图向系统流图过渡时应注意如下几个问题:

(1)在任何一个关系链(环)中都至少有一个流位变量,有时几个关系链(环)通过一个公共的系统要素耦合在一起,而这个要素又有流位变量的特征,就应将此要素作为系统流位变量。

流位变量是一个积累量,它不仅包含现在信息,还包含着过程的信息。可以说,一个系统要素如果含过去的信息,它就具有流位变量的特征。但是流位变量特征的系统要素却不一定要选作流位变量,还要考虑流位变量应是最小的集合与独立性的原则。如果它已选定的流位变量相关,那么就不能再选它为流位变量了。

(2)一般来说,流率变量与流位变量总是同时出现的。决不会有两个流位或两个流率变量相继出现。因此,在因果关系图上选定了流位变量之后,应在与这些流位变量相邻的要素中来考察并确定流率变量。图 4.18 表示在因果关系图中选定一个流率变量。它"发生"若干因果关系链,同时又接收若干因果关系链。它可接收的每一个关系链是影响其流位变量的一个关系。

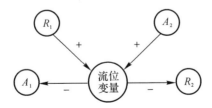

图 4.18 　流位变量的相邻因果关系图

因此,与这些因果关系链末端直接相连的要素 R_1,R_2 就被选作流率变量。当然,因果关系链有正负之分,在图 4.18 中正者是控制输入流的速率,负者是控制输出流的速率。

(3)辅助变量的确定也不容忽视。辅助变量仅在系统的信息链中出现。系统的信息链始于信息源——流位变量,终于流率变量。因此,确定辅助变量应从流位变量开始,沿着因果关系链,搜索到流率变量,图 4.18 中与流位变量相邻,并"接受"流位变量所"发生"的因果关系链上的要素是辅助变量,如图 4.18 所示的 A_1,A_2。这些辅助变量是各个信息链中第一个接受信息的关节。

4.4.3　系统动力学建模方案

1.系统动力学建模的主要环节

(1)明确流位变量和速率的概念。

系统动力学模型是由因果关系链或环构成的,其中一定包含着两个基本变量,即流位变量和速率变量。这是具有因果关系链必要的条件。

首先,确定流位变量,流位变量表示对象系统在某一特定时刻的状态;而速率变量则表示某个流位变量变化的快慢。如果引入流的概念,那么流位变量是系统流的积累,所以,也可以将流位变量称作为本书前面所提的状态变量,它等于流的流入率与流出率在间隔时间的差额,加上原有的变量值。也就是说,流位变量的大小就是系统内各种演化的积累结果。流位变量自身不可能自我产生瞬间变化,它是在速率变量的作用下才能从一个数值状态改变到另一个数值状态。不过,速率变量并不直接决定流位现在时刻的大小,而是决定流位变量的斜率,即单位时间内流位变量的变化量。因此,流位变量的当前值可以说是过去流经流位变量的速率变量的累积,是由前一时刻的流位变量值加上由前一时刻到现在时刻这段时间间隔内流经流位变量的速率变量的数值决定的。

其次,分析速率变量。流位变量的现实数值和任何其他流位变量的数值没有直接关系,因此,任何两个流位变量如果相互影响,必然会有一个速率变量连接这两个流位变量。由于流率之间不可能也不会相互影响,所以速率变量之间没有联系。事实上,没有任何流体的瞬间流率能够在瞬间加以度量,一般都需要经过一定的量度间隔。因此,流率其实是某一时间间隔内速率的平均值。

综上可述,在确定速率变量和流位变量之前,弄清速率变量和流位变量之间的关系,了解二者本身的概念含义是很必要的。

(2)确定系统状态构造。

一般来讲,状态变量的基本构造是包含了流的原有积累、输入流和输出流;速率变量的基本构造是系统决策目标、系统现状的观察结果、目标与现状的差距以及由这种差异引起的行动。图 4.19 给出了速率变量的基本构造。

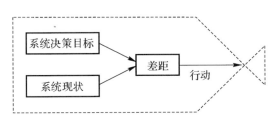

图 4.19　速率变量的基本构造

(3)建立方程式。

因果图和流图用于简明地描述出系统各要素间的逻辑关系与系统构造,方程式则是用来定量分析系统状态行为,实现由系统流图设计到计算机仿真的依据。

建立方程式是把模型结构"翻译"成数学方程式的过程,把非正规的、概念的构思转换成正规的、定量的数学表达式——计算机仿真可执行的规范模型,从而达到挖掘对象系统中所隐含的动力学特性、研究的演化结果以及解决问题的对策。当然,有许多对象系统本身就是动力学系统,因而无需挖掘,建立规模的数学模型要精确得多,实现计算机仿真也容易很多。这里直接运用具有动力学特征的对象系统来说明建立方程式的方法。

系统动力学首先要描述的是系统的状态,即流位。流位是由系统内部流的流动情况决定的。对应每一个系统状态或每一个流所流经的实体(系统内部的组成部分)都具有如同水箱一样的结构,如图 4.20 所示。

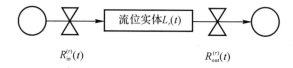

$$R_{in}^{(r)}(t) \qquad\qquad\qquad R_{out}^{(r)}(t)$$

图 4.20　具有"水箱"结构的组成部分或系统

图 4.20 的结构说明,系统或者组成部分的流位是由流入流和流出流所决定的,而流入流和流出流又分别受它们的流率 $R_{in}^{(r)}(t)$ 和 $R_{out}^{(r)}(t)$ 控制。因此该系统或者组成部分有下式流位方程式:

$$L_r(t) = R_{in}^{(r)}(t) - R_{out}^{(r)}(t)$$

式中:r——值取 $1, 2, \cdots, n, n$ 为系统流位变量的个数,也就是代表相关的系统组成部分数目。同时,流率的表达式为一组代数方程:

$$\left. \begin{array}{l} R_{in}^{(r)}(t) = R_{in}^{(r)}[V_1(L_1, L_2, \cdots, L_n; t), \cdots, V_m(L_1, L_2, \cdots, L_n; t)] \\ R_{out}^{(r)}(t) = R_{out}^{(r)}[V_1(L_1, L_2, \cdots, L_n; t), \cdots, V_m(L_1, L_2, \cdots, L_n; t)] \end{array} \right\}$$

$$(4-18)$$

式中:$V_i, i = 1, 2, \cdots, m$ 是系统的辅助变量,假定该流位与 m 个流位相关,且有

$$V_i = V_i(L_1, L_2, \cdots, L_n; t)(i = 1, 2, \cdots, m) \qquad (4-19)$$

式(4-19)被称为状态方程[或流位方程 $\dot{L}_r(t)$],流率方程[$R_{in}^{(r)}(t)$、$R_{out}^{(r)}(t)$]和辅助方程(V_i)。

值得指出的是,上述方程组完全依据系统流图而得出的。因此,可以强调的是,系统流图是由对象系统的因果关系描述过渡到系统数学的桥梁。这就是系统动力学中系统流图的魅力之处,越是复杂的系统,流图的优越性就越突出。

4.4.4 系统动力学建模的步骤和举例

1. 系统动力学建模的步骤

系统动力学建模的步骤如图 4.21 所示。

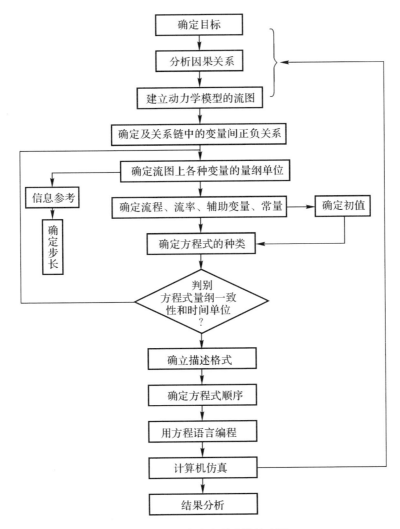

图 4.21 系统动力学建模的步骤

对图 4.21 给出的建模步骤应该说明如下几点：

(1)确定目标。首先要确定对象系统的范围、边界环境作用和组成成分以及组分之间的关联；其次要研究对象系统的问题所在以及研究的具体目标。最后还要定出研究对象系统的观测方式和关心的指标。

(2)分析因果关系。在明确系统目标后，就要研究系统组成部分之间内在因果关系，特别要关注的是含有指标意义的关系链。

(3)建立系统动力学模型的流图。通过给出流图，利用第 3 章介绍的方法，建立流位方程(Level)、流率方程(Rate)以及辅助方程。在确定初态(初值)时，特别要注意量纲的一致性。

(4)计算机仿真。通过系统动力学模型运用仿真语言编程，在计算机上实现仿真。仿真的结果与现实系统观察的结果相比，如果差异很大，要修改研究的目标、模型或选定的方程式的参数。

(5)结果分析。这里是指对仿真结果的深入分析，而不是在第 1 章所说的系统状态的自组织现象的分析和涌现的判别。

2.实例

战场的态势分析比较一目了然。一个地区的战场态势一般可以通过三个区域来描述，即敌占区、交战区和我占区。战区面积发生改变一定来源于交战两方兵力的变化。如果交战两方存在着兵力，且假定处在我强敌弱的情况下，我方一定制定进攻目标，扩大我方占领区的面积，即从交战区域争夺面积，将交战区域推向敌占区，压缩敌占区的面积。

图 4.22 给出了我强敌弱战场态势图。这里我方采取了进攻姿态。我方兵力强于敌方兵力，促使交战区变成我方占领区。随着我方占领区的扩大，达到预期进攻目标的差距会缩小，我方兵力也随着新占区的需要减弱。与此同时，由于存在着敌我双方的兵力差，也促使部分敌占区变成新的战场(交战区)，随着敌占区的缩小，直接影响敌方防御目标的完成，必然引起敌方兵力相对增强(敌占区的缩减也会腾出一定的兵力)。显然，随着我方占领区的扩大和敌方占领区的缩

小,我方和敌方的兵力差距会减小,最后达到占领区和兵力两方相对平衡。动态平衡的过程就是战场态势的演化过程。图 4.22 中还指明了因果关系的拉性。进一步可设计出它的流图,如图 4.23 所示。

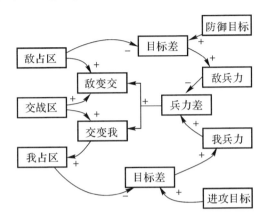

图 4.22 我强敌弱战场态势图

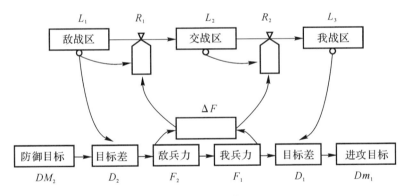

图 4.23 战场态势流图

从流图可知,敌占区、交战区和我占区是战场态势的三个流位变量,分别记作 L_1,L_2 和 L_3,它们的流位取决于敌变交和交变我的流率 R_1 和 R_2,流图的辅助变量有进攻目标 DM_1 和防御 DM_2,以及它们相对的目标差 D_1 和 D_2;我兵力 F_1 和敌兵力 F_2 以及它们之间的兵力差 F。

$$\begin{cases} L_1(0) = L_{10} \\ L_2(0) = L_{20} \\ L_j(0) = L_{30} \end{cases}$$

则流位变量有

$$\begin{cases} L_1(t) = L_{10} - R_1 t \\ L_2(t) = L_{20} + R_1 t - R_2 t \\ \dot{L}_2 = R_1 - R_2 \\ L_3(t) = L_{30} + R_2 t \end{cases}$$

其中

$$\begin{aligned} R_1 &= f[L_1(t), \Delta F, D_2] \\ &= f\{L_1(t)(F_1 - F_2)[L_1(t) - DM]\} \\ R_2 &= f[L_2(t), \Delta F, D_1] \\ &= f\{L_2(t)(F_1 - F_2)[DM - L_1(t)]\} \end{aligned}$$

值得注意的是,实例假定战场为进攻态势,也就是说,在达到进攻目标之前,总是我强敌弱,$F_1 > F_2$;进攻目标 $DM_1 >$ 我占区面积 L_3;防御目标小于敌占区面积(重点防御)。否则战场态势会变成防御态势,即敌强我弱的情况下,我占区缩小,演变成战区,敌方的占领区在战区中扩大。

3.系统动力学建模小结

系统动力学建模方法有其明显的优势:

(1)能够容纳众多的变量,一般可达数千个,比较适合于复杂巨系统的研究。

(2)描述清楚,模型具有较高的清晰度。通过结构关系的互相作用,形成比较容易理解的因果关系模型,又通过流图的状态,建立状态的数学模型。

(3)建模过程条理明显,容易发挥人的逻辑思维和形象思维。

(4)采用函数、延时函数以及各种测量函数,便于计算机仿真。

系统动力学建模方法同样存在着不足:

(1)精度较低,只能适用于研究变量的动态趋势或者对策研究。

(2)系统动力学建模方法没有评述系统整体性分析、结构性变化和涌现现象的判别。因此,不能用来研究完整的复杂系统,亟待补充和扩展。

第5章　多主体仿真与基于涌现的多主体仿真

多主体仿真(Multi-Agent Simulation，MAS)是顺应计算机科学的技术发展而出现的一个新的研究领域，多 Agent 系统作为一种计算范式和设计理念，正逐渐地被人们普遍认同、接受和应用。尤其是研究复杂系统及其复杂性领域。多主体仿真是一类微观仿真技术。它利用分布式人工智能领域的最新研究成果，依靠计算机的强大的计算能力，采用自下而上的思路，对复杂系统建立模型，其中微观个体可以具有丰富的属性和接近真实的决策逻辑和行为特征，通过个体之间以及个体与环境之间的相互作用，来演化个体的属性和行为。多主体仿真建模灵活自然，个体属性和行为不受限制，特别适合对由具有一定智能性的微观个体对个体或者环境作出的反应，这就是自适应多主体仿真。

自适应多主体仿真受到生物学、经济学、社会学等学科的重视，成为这些领域的主流新颖的研究方法和工具。

基于涌现的多主体仿真(Multi-Agent Simulation Based Emergence)不仅建筑在微观仿真基础上，而且实现了宏观的仿真。因此，基于涌现的多主体仿真是研究复杂系统自下而上到自上而下的全过程的重要的新颖科学工具。它不但可以研究微观个体对个体或者环境相互作用所产生的演化，而且可以通过个体演化出来的系统整体性进行研究，包括系统的涌现现象。换言之，一般多主体仿真只是微观仿真的工具，只有基于涌现的多主体仿真才能研究复杂系统的演化全过程。

§5.1 主体与多主体系统

5.1.1 主体的概念

主体(Agent,也有译成智能体、代理)和多主体系统(Multi-Agent System)是随着人工智能的研究而兴起的。人工智能学者 Minsky 在 1986 年出版的著作《思维的社会》(The Society of Mind)中提出了 A-gent,认为社会中的某些个体经过协商之后可求得问题的解,这些个体就是 Agent,Agent 应该具有社会交互性和智能性。多主体系统的研究始于 20 世纪 80 年代,90 年代获得了广泛的认同,为研究大规模分布式开放系统提供了可能。除在计算机领域的应用外,人们发现采用多主体系统观点能够对自然科学和社会科学中的许多复杂系统进行建模,并进行有效的仿真。

"主体"(Agent)一词,一般用来描述个体(自包含的属性、行为等)能感知环境,并能在一定程度上控制自身演化的计算实体。作为一个自治的计算实体,Agent 与外部环境存在着相互作用,即它能感知环境,并能对环境产生作用。通常 Agent 有一个可能的动作库,这可能是动作的集合,表示个体 Agent 的反应能力。Agent 面临的关键是如何对环境作出反应,该执行什么动作,来达到预定的目标。至于 Agent 内部结构在多大程度上实现自治和如何智能,到目前为止并没有一致的观点。不同学者、领域专家可以根据各自学科理解进行发挥。这说明 Agent 相关理论和技术仍在发展中。

尽管对主体(Agent)没有普遍接受的定义,但一些研究者对主体应该具有的特性进行了明确的说明,其中影响最大的是 Wooldridge 和 Jennings 提出的关于主体的弱概念和强概念。他们的观点为不同领域中的研究者把握 Agent 的基本含义提供了重要的参考,特别是主体的弱概念对非人工智能领域中基于 Agent 的计算有比较大的影响。

主体概念从广义的角度规定了主体的特性,认为几乎所有被称为主体的软件或者硬件系统都具有以下特征。

(1)自治性(autonomy):主体的运行不受人或者其他物控制,它对自己的行动和内部状态有一定程度的控制权。

(2)社会能力(Social ability):主体通过某种主体通信语言与其他主体或人进行信息交互。

(3)反应能力(reactivity):即主体对环境的感知和影响。无论主体生存在现实世界还是在虚拟世界,主体都应该可以感知所处的环境,并及时地对环境中发生的变化做出反应,通过它的行为影响环境。

(4)预动性(pro-activeness):主体不是简单地对环境被动反应,而是能采取主动表现出目标导向(goal-directed)的行为。

主体的弱概念能够概括许多非人工智能领域的学者对主体的理解和实际应用。在这一语境下,主体一般是具有一定自主行为能力的计算实体,通过多个主体之间的交互实现特定问题的求解。在复杂系统研究领域,主体代表组分、分系统,它们大多数采用的是主体的弱概念。

主体的强概念主要应用在人工智能领域,这一领域的学者认为主体是一个智能计算机系统,除了上述弱概念说明的特性外,主体还应具有人类的某些特性,如知识、信念、意图、承诺等心智状态,甚至具有情感等。

5.1.2　多主体系统

单一主体很难对存在于动态开放环境之中的较为复杂问题进行求解。研究者也逐步认识到人类智能本质上是社会性的。人们往往为了解决复杂性,需要组织若干主体协作来求解。受此启迪,一些研究者提出了多主体系统概念,并逐渐成为一种求解复杂问题的范式。如 Durfee 和 Lesser 将 MAS 定义为:MAS 是一个拟耦合的问题求解网络,求解者之间通过相互作用,可以求解任何单一求解者都没有足够能力或知识予以求解的问题。

简单说,多主体系统是由多个可以相互交互的主体所组成的系统。多主体系统的特点:

(1)有限视角,即每个主体面临不完全的信息,或只具备有限能力。

(2)没有系统全局控制。

(3)数据分散。

(4)计算是异步的。

可见 MAS 实际上是对社会智能的一个抽象,许多现实世界中的群体都具有这些特征。

多主体系统由两个或者更多的主体构成,其中每一个主体都是自主的行为实体,封装了状态和行为,因而相对独立。同时,不同的主体通过通信进行交互,主体之间可能存在着复杂的关系。图 5.1 描述了一个多主体系统结构的示意图,该多主体系统由多个相对独立的主体组成,每个主体至少可以影响环境的一部分,同时这些主体之间又存在复杂的交互关系。

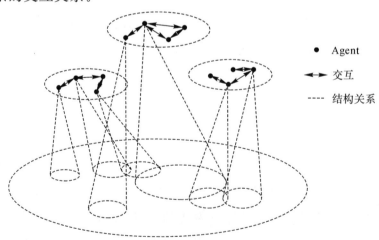

图 5.1　多主体系统的标准结构示意图

主体之间的关系主要表现为结构相关性和行为相关性两个方面，结构相关性是指不同主体之间要有结构关系，如社团关系、熟人关系、上下级关系、敌对关系、因果关系等。这种关系将对系统中的主体的运行以及主体之间的相互作用将产生直接和间接的影响。一般在系统运行过程中主体的结构相对稳定，但某些系统在出现涌现现象时系统结构也会发生剧烈的变化。

主体之间也可能存在行为的相关性，在图 5.1 中不同的主体对环境的一部分产生影响，某些影响范围相互重叠，则它们之间就产生了行为上的相互影响。

5.1.3　主体的一般结构

对多主体系统的研究包括两个相互交织的方面，一是关于单个主体的实现，另一个是主体之间的相互作用。对于主体系统而言，主体是其基本构成，首先要实现单个主体。从计算的角度看，主体是一个计算实体，具有自身的资源，能感知环境信息，根据内部的行为控制机制确定主体应采取的行动，主动行动实施后，将对自身状态和环境产生影响。要实现这样的主体，可以采用不同的结构。结构就是定义主体的基本成分以及各成分之间的关系和交互机制，对特定的应用场合采用某些结构可能更贴切和自然，也便于理解。

1. 标准的单主体

对 Agent 可以进行不同层次的抽象，以最一般的角度可以得到高层抽象，如图 5.2 所示。该主体之外的所有因素构成环境，主体与环境作用。在这一顶层抽象中，主体有一个动作决策部件，通过某种方式感知环境，获取有关环境的感知输入，然后根据感知输入和主体的预定目标，由动作决策部件选择一个或者一组动作，从而产生动作输出。动作的执行对环境产生影响，导致环境状态发生变化，如此反复进行，主体与环境共同演化。

假定环境变化都可以抽象为一个环境状态序列，环境在任何离散

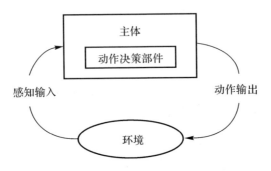

图 5.2 Agent 的高层抽象

的瞬间状态的有穷集合为

$$E = \{e_0, e_1, e_2, \cdots\}$$

式中：e_0——环境初态。

主体有一个可执行的动作集合 $A = \{a_0, a_1, a_2, \cdots\}$。主体在环境中的一次执行 r 是环境状态与主体动作的一个交替序列

$$r : e_0 \xrightarrow{a_0} e_1 \xrightarrow{a_1} e_2 \xrightarrow{a_2} \cdots \xrightarrow{a_{u-1}} e_u$$

因此，主体的动作决策部件可以定义为以下函数：

$$\text{Choose} : E^* \to A$$

式中：E^*——环境演化的状态序列；

　　A——动作的执行序列。

主体的动作将对状态产生影响，这种影响一般是有限的和不确定的。定义影响函数为

$$\text{Change} : E \times A \to \text{æ}(E)$$

式中：æ——幂集符号。

这样的主体称为标准主体，标准主体定义以下三个元素组：

$$\text{Agent} = <A, \text{Choose}, \text{Change}>$$

标准主体的定义隐含着两点，一是主体的动作与历史有关，二是环境可以是不确定的。标准主体的形式化定义是高度抽象的，在具体实现时可以具有不同的结构。

2.纯反应式主体

有一种 Agent 在决定时不参照其历史，决策完全基于当前的状

态,不考虑过去的状态,即这种 Agent 只是对环境作出反应,因此,称为纯反应式 Agent。其动作决策部件与标准主体有所不同,决策函数为

$$\text{Choose}:E\rightarrow A$$

其他方面与标准主体相同。

　　每个纯反应式主体均存在着一个与其等价的标准主体,但反之不成立。纯反应式主体是一类特殊的主体,当主体动作不依赖于历史时,采用纯反应式主体更为方便。

　　3. 具有感知部件的主体

　　对于主体的实现来说,顶层抽象给出的动作决策粒度太大,功能过于单一,需要将其划分为一组相互作用、功能更加明确粒度较小的部件。一种方法是将决策部件分解为感知子系统和动作子系统,称为具有感知部件的 Agent。图 5.3 给出了带有感知部件的主体结构。感知部件用来观察环境,根据环境中发生的事件产生感知,它反映了主体观察环境的能力。主体能通过感知部件将感知的信息传递给决策部件,决策部件根据信息选择动作执行,动作执行将导致环境状态的变迁,使环境进入下一状态。然后又经过感知→决策→动作→环境周而复始地进行。

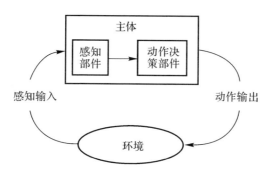

图 5.3　具有感知部件的主体结构

　　主体的感知部件可用以下函数描述:

$$\text{See}:E\rightarrow \text{Per}$$

该函数实现将环境映射到感知。Per 为非空的感知集合。需要指出的是：由于感知能力和设计目标的差异，不同主体对相同的环境状态感知结果可能不同。

主体的动作决策部件用函数表示：

$$\text{Choose}:\text{Per}^* \to A$$

表示主体根据感知输入的当前和历史信息选择执行动作。具有感知部件的主体可以用以下四组元素表示：

$$\text{Agent}=<A,\text{See},\text{Choose},\text{Change}>$$

4. 具有状态部件的主体

在标准结构的主体中，Agent 的决策是从环境的状态序列得到动作函数，使得 Agent 的决策依赖于历史。这种表示不太直观，在实现时可采用一种等价的更自然的表示方法，思路是认为 Agent 具有内部状态，如图 5.4 所示。

这种 Agent 具有内部数据结构，一般用来记录环境状态和环境历史，称为内部状态，用一个状态部件表示。在主体运行过程中，感知部件接受环境中发生的事件，产生感知输入。状态转移部件根据感知部件获得的感知和内部状态实现状态更新，存储到状态部件中。动作决策部件根据当前状态选择动作。主体的动作执行将导致环境状态的变迁，进入下一个状态。如此反复进行。

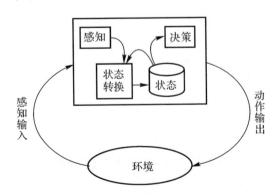

图 5.4　具有状态部件的主体结构

有状态的主体可以用六组元素表示：

$$Agent_x = <A, I, See, Next, Choose_x, Change>$$

式中：　　I——内部状态集合；

　　　　$Next$——状态转移函数 $I \times Per \rightarrow I$；

　　　$Choose_x$——动作决策函数 $I \rightarrow A$。

需要指出的是，有状态部件的 Agent 表达能力，并不比标准主体更强，它们的表达能力是一样的，每个有状态部件的 Agent 可以转换为具有等价行为的标准 Agent。

5.1.4　多主体之间的通信与交互

在多主体系统中，各个主体虽然共享一个系统环境，并且具有一定的自治能力，对环境的变化作出各自的（反应）动作，但主体与主体之间免不了存在着结构的相关性和行为的相关性。这些相关性是通过主体之间的直接交互和通信来体现的。这就是书中第 2 章所论述的系统中内部环境影响和元素（组分）之间的直接作用。此时多主体模型如图 5.5 所示。

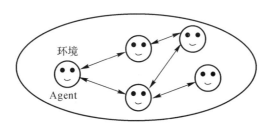

图 5.5　多主体模型

主体之间实现交互需要三方面的技术保障：一是要有一致的消息协议；二是要有实现通信的机制；三是要有高层的交互协议。这三方面的密切配合，才能实现主体之间的相互作用（协同）。

1. 主体通信语言——消息协议

主体之间进行通信的目的是交换某些信息，需要相应的语言对消息进行表未和描述,消息中包括通信意图及通信内容。由于主体可能存在于分布异构的环境中,主体之间的通信必须有一致的消息协议,消息协议也称为主体通信语言。

主体通信语言是一种用于表达主体之间交互消息的描述性语言,它定义了交互消息的格式(语法)和内涵(语义)。目前已提出了多种主体通信语言,影响较大的有两种:一种是美国国防部高级研究计划署(ARPA)主持研发的知识查询与操纵(Knowledge Querd and Manipulation Language,KQML),它是美国知识交换工程(KSE)的重要组成部分;另一种是智能物理主体基金(FIPA)的智能体通信语言(Agent Communication Language,ACL)。KQML 和 ACL 在基本理念上很相似,下面以 ACL 为例进行简单介绍。

ACL 的一个消息是由通信行为、通信内容以及一组消息参数等几部分组成。一个 ACL 消息一般有如图 5.6 所示的结构和表示方式。

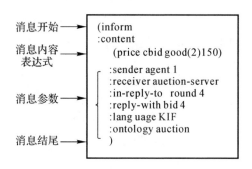

图 5.6　FIPA ACL 消息结构示例

FIPA ACL 语言预定义了一组通信行为,大致可分为信息传递(inform,confirm 等)、信息请求(query-if 等)、协商(propose 等)动作执行(request,agree 等)和错误处理(not-understood,failure 等)几类。对消息没有任何限制和要求,用户可以自行选择内容的描述语言(如 XML、KIF、SL 等)。消息参数是各一值对,它对通信的细节进行设定。ACL 消息的详细内容参见 FIPA ACL 规范,该规范可在 FIPA 网站 http//www.fipa.org 获得。已有越来越多的多主体系统开发工具支持 FIPA 规范,如 ADK,JACK,JADE,ZEUS,LEAP,FIPA-OS 等。

2. 通信方式

实现 Agent 之间通信仅有消息协议还不够,还需要有实现主体之间传递消息的机制和方法,从而确保一个主体能够按照该机制的要求向其他主体发送消息,或者接受其他主体发送过来的消息。主体之间常用的通信机制有三种:黑板通信机制、邮箱通信机制和消息传递通信机制。

(1)黑板通信机制。它是很早应用在计算机领域中的一种通信方式。由多个主体共享一个公共区域,每个主体都可以对该区域进行读写操作,以此实现信息共享。这种方式原理简单,易于实现。但由于共享区域是公共的,通信保密性差。另外,由于主体间消息交互能过共享区域实现,某个主体对消息更新不能及时被其他主体获知,实时性较差。

(2)邮箱通信机制。它是主体通过邮件信道进行通信。当一个主体需要向另一个主体发送消息时,将消息打包成邮件,通过邮件信道传送到目标主体的邮箱中,目标主体定时或不定时地查看邮箱,当发现新邮件时就取出邮件阅读。邮件信道一般是非独占的,保密性也较差。另外,消息传递是异步的,实时性也不够好。

(3)消息传递通信机制,它需要通信的两个主体首先建立一条逻辑专用信道。例如传输控制协议/网际协议(TCP/IP)先建立连接,然后主体之间就可以进行双向、对等的消息传递。由于信道在逻辑上是为该次通信特别建立的,不能为其他主体共享,因此,保密性较好,消息传递也很及时,实时性较好。

3. 交互协议

以消息协议和通信机制为基础,就能实现主体之间的消息传递。在多主体系统中可能存在复杂的交互,例如一组主体合作进行问题的求解,就要求相关主体之间能够进行一系列的消息传递,实现复杂的对话(Conversation)。这种对话必须是结构化的,交互协议定义了主体之间为了进行协作,实现某一特定目标而进行交互结构化消息。FI-PA 对一些对话定义了交互协议,如请求(request)、查询(query)、合同网(contract-net)、代理(broking)、订阅(subscribe)、建议(propose)等。

下面以查询交互协议为例进行说明。例如主体 A 请求主体 B 查询某些信息,则 A 为交互的发起者(Initiator),B 为参与者(Participant),查询交互模式如图 5.7 所示。

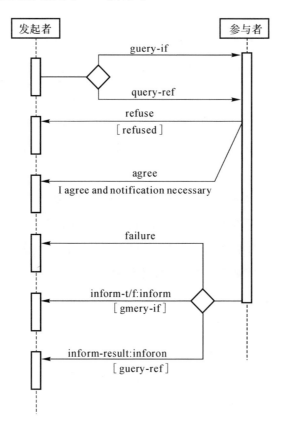

图 5.7　主体查询交互协议序列图

首先 A 发出 query 型消息(有两种形式,query-if 对命题直接查询,query-ref 询问表达式所指的对象),请求 B 查询某些信息,B 收到该消息后决定是否接受查询请求。如果决定拒绝,那么回复 refuse 类型的消息给 A,否则同意(若要求显示声明同意,则回复 agree 消息)。

B 按 A 的请求执行查询。若查询操作失败,则回复 failure 消息;若成功地进行查询,则将结果 inform 消息能适请求方主体 A。Inform-t/f 用于对于命题真假进行回复,inform-result 包含指向结果的表达式。交互过程中,还有例外处理,包括 B 不理解 A 的消息,或在对话过程中可随时撤销对话,具体参见 FIPA SG00027H 查询交互协议。

§5.2　多主体建模与仿真

5.2.1　多主体建模的思想

来源于人工智能领域的主体和多主体系统思想,在经济学、社会学、生态学等许多领域产生了广泛的影响,原因在于 MAS 是对人类或生物群体的自然隐喻,采用多主体观点可以更自然地对这些系统建模。由此形成了基于主体的建模方法(Agent-Based Modeling, ABM)。ABM 的基本出发点是:许多系统可以看做是由多个自治体构成的,主体之间的相互作用是宏观模式出现的根源。通过建立主体模型可以更好地理解和解释这些系统。以人类社会为例,在微观层次上人类社会是由多个理性的、追求各自目标的、对自身行为具有一定控制能力的个体组成。个体之间以及个体与环境之间存在信息、物质、能量的交换,表现出个体之间复杂的相互作用,归纳系统的宏观规律,揭示微观–宏观的联系,这是一种自下而上的研究方法。

目前多主体建模的方法已成为研究复杂系统、提取系统本质规律的一种可能的选择。一些著名学者,如 Axelrod,Epstein 和 Axtell 等甚至认为 ABM 及其计算试验框架已成为一种新的进行科学研究的基本方法。ABM 比较适合描述这样的系统:系统包含中等数量的个体,个体在空间上分布,个体往往是异构的,得用局部化信息进行决策,个体可能具有学习能力,个体之间存在灵活的交互。对这样的复杂系统,采用多主体建模往往能够较好地进行研究。多主体建模方法的基本思路:首先构造微观个体模型,然后令个体之间进行复杂的相互作用,形成人工社会(Artificial Society)或虚实世界,通过在计算机上进行多次实验运行,观察系统呈现的宏观模式,归纳提炼后得到一般规律。

需要指出的是,ABM作为一种新颖的建模方法,不仅可以采用人工智能的方法,还可以与传统建模方法相结合。一方面可以采用主体的观点对传统模型进行封装,如Agent的决策模块可以采用传统的优化计算方法,或根据输入信息按概率规则决定行为。另一方面,Agent也可以嵌入其他模型,如在系统动力学模型中,某些子系统可以采用Agent实现与其他部分相结合。

5.2.2 多主体仿真研究框架

用多主体思想建立的复杂系统模型往往用仿真技术求解。因为这样的系统中个体的数量及种类较多。个体还可能具有适应、学习能力,个体之间的相互作用往往与时间、空间以及个体的类型有关,是非线性的,很难用解析的方法求解,一般要借助于计算机强大的计算能力进行仿真研究,这样就形成了多主体仿真(Multi-Agent Simulation)技术。

目前多主体仿真还处于发展阶段,学者们分别按自己的理解发展和应用技术。与多主体仿真一词接近的术语有多个,如Agent-Based Modeling(ABM),Agent-Based Social Simulation(ABSS),Multi-Agent Based Simulation(MASS)等。这些术语具有基本相同的含义,但又有细微的差别,目前尚难统一。作为探索和理解复杂系统的一种工具,多主体仿真方法的本质特征是采用多主体视角建立实际系统的概念模型(conceptual Model),具体而言就是首先识辨组成实际系统的微观个体,将这些个体抽象为具有自治性的主体,主体之间通过相互作用构成一个多主体系统,然后以这样的主体概念模型为基础,通过仿真计算开展研究。

多主体仿真是多主体理论和仿真方法相融合,是一种新颖的复杂系统研究手段。应用多主体仿真方法研究复杂系统与传统仿真研究的基本过程类似,但在一些环节上有差别。用多主体仿真方法探索复杂系统本质规律的过程包括建立模型(概念模型和仿真模型)、仿真运行和结果分析三个主要阶段,其主要流程是实际系统→概念模型→仿真模型→仿真结果→结论。主要的反馈环节是校验验证,能够将仿真运行结果与实际数据比较,促使对概念模型或仿真模型进行改进,直到满足相似性要求为止。用多主体仿真方法进行复杂系统研究的基本过程如图 5.8 所示。

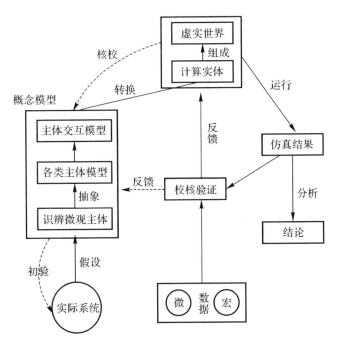

图 5.8　多主体仿真方法研究的基本过程

该方法与传统的仿真方法相比较具有鲜明的特点,主要表现在数据收集、建立概念模型、建立仿真模型、模型验证以及结论等方面,具体内容如下：

（1）在对实际系统进行观察时应同时收集微观数据和宏观数据。微观数据和关于个体先验知识是提出假设、建立微观模型的基础。宏观数据反映了系统的宏观特性。部分微观和宏观数据将用于验证，用来推断仿真系统与真实系统的微观-宏观联系是否一致。

（2）概念模型采用多主体视角建立。这是多主体仿真方法的本质特征，即通过提出一系列假说，将研究的系统抽象为一个多主体系统。建立概念模型的基本步骤包括：划分系统边界，将研究的系统和环境分离；识别系统中个体的主体、类型、数量和它们的属性，建立各类主体的微观模型；建立主体之间及主体与环境之间的相互作用模型（注间关联网络的简约）；形成一个多主体系统。

（3）仿真模型一般采用多主体技术。以多主体概念模型为基础，通过编程在计算机上实现仿真模型，构造虚实世界，为实验研究提供基础。编程实现可以采用 AOP（Agent-Oriented Programming）技术，也可采用其他技术如面向对象仿真技术、离散事件仿真技术等。

（4）模型验证采用微观和宏观相结合的方法，多主体仿真在模型的校核和验证（Verification and Validation，VV）方面还有一些问题。目前尚缺乏普遍有效的方法。但作为微观-宏观的联系手段，应该重视微观量和宏观量之间的联系是否与真实系统基本一致。

（5）仿真所得到的结论主要用来帮助理解微观和宏观的联系。多主体仿真的基本特点是从个体出发，用仿真实验的方法探索复杂系统的个体动态演化。同时简单地综合这些个体演化对系统整体特性的影响。但它没有研究复杂系统涌现的能力，也没有研究系统从宏观到微观的机制。由此可见，一般多主体仿真方法只是研究没有涌现的复杂系统有力工具。

第6章　科学实践

6.1　湖南省公众科学素养趋势预测与对策研究

6.1.1　科学素养趋势预测与对策研究的理论与方法

湖南省科学素养趋势的研究是对社会的复杂系统整体性的研究。所谓复杂系统是指系统中包含着许许多多组成元素，它们之间相互独立（多元性），又相互影响（相关性），系统在结构上具有层次性（社会性），元素与元素之间的相互作用具有非线性，一般无法用数学公式静态描述其特性的系统。系统的整体性是将影响系统的主要元素关联起来而呈现的系统特性。复杂系统的整体性具有特殊性——涌现（Emergence），按照科学家西蒙的说法，"已知系统组成元素的特性和它们之间的相互关系，也很难把系统的整体性推断出来"，涌现的通俗表述为"整体大于部分之和"。

湖南省科学素养趋势的研究是复杂系统研究课题，包括省内 14个市（州）的公众科学素养组成。据 2003 年湖南省科学素养抽样调查的结果，湖南省公众具备基本科学素养比例为 1.41%，其中包括对科学知识的理解比例为 3.23%，对科学方法的理解比例为 9.92%，对科学对社会的作用理解比例为 36.16%，并且按照性别、年龄、职业、学历、城乡和地区对公众进行了细分，分别调查了具有科学素养的公众的比例。公众获得科学素养主要来源于全省的科普工作,提高湖南省公众科学素养的重要途径有科普设施和大众传媒(包括电视、报纸、杂志、广播和音像制品等)。上述系统的诸多元素在湖南省统一的经济发展的环境里相互作用、相互影响、相互补充、相互激励和制约,动态地形成湖南省整体的科学素养发展趋势。

从研究的方法论看,研究复杂系统不能采用传统的还原论方法。所谓还原论方法是指把研究对象分解开来进行研究,并且认为低层次和局部问题弄清楚了,高层次整体的问题就迎刃而解了。但是复杂系统虽然通常都具有层次结构,可是它的高层次可以具有低层次结构综合所没有的性质。近代国际上研究复杂系统采用描述法,包括定性描述和定量描述、局部描述与整体描述(整体包含局部,局部支撑整体,局部行为受整体的约束和支配)。我国科学家钱学森更具体地提出了采用辩证逼近法。

对复杂系统而言,不可能建立精确的理论模型,只能通过调查研究、科学理论和人的智慧建立近似的模型,而且需要经过实践验证(自适应或者学习)不断地修改逼近。

基于复杂适应系统(CAS)理论的多智能主体的建模仿真方法是复杂系统计算机仿真最基础的科学方法。复杂系统建模与仿真的过程如图 6.1 所示,它包含了针对目标复杂系统(仿真对象)进行调查、研究,满足智能建模的要求;再对模型进行编程,输入计算机中虚拟实现,通过计算机推演产生仿真结果。

多个智能主体作为复杂系统的各类元素的代理(Agent),具有自治性、反应性、交互性。但是复杂系统还需要对智能主体的结构(时空结构)进行整体建模。对于系统的趋势预测和对策研究来说,还需要进一步针对系统的外部刺激建模。

研究湖南省科学素养发展趋势和对策就是基于复杂自适应系统理论和计算机仿真得以实现的,它改变了过去传统的科普研究方法。过去只能通过抽样调查和统计分析,获得历史数据和现实数据,对于发展趋势和政策研究都是建立在简单的外推和猜测的基础上,既没有科学的依据,更谈不上可信度。实践证明,通过复杂系统计算机仿真进行的趋势预测和对策研究的结果更加科学、更加可信。复杂系统建模与仿真的过程,如图 6.1 所示。

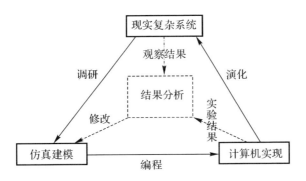

图 6.1　复杂系统建模与仿真的过程

6.1.2　湖南省科学素养趋势建模

1.模型组成

根据湖南省科普的特点,将建立公众 Agent、科普机构 Agent、媒体 Agent、外部事件激励 Agent 和系统整体性模型等五类模型。

(1)公众 Agent。

公众 Agent 是科普工作的受众,根据仿真的目标、现有的数据和实际可以提供的计算能力,我们把公众抽象层次定义到公众万人级,即把每万人公众作为多 Agent 模型中的最基本单位。公众科学素养可以用对科学知识的理解程度、对科学方法的理解程度和对科学与社会的关系的理解程度三个指标进行衡量。在模型中,仅用综合指标来评判公众 Agent 的科学素养,并且只考虑对公众科学素养具有较大影响的几个属性,包括性别、年龄、职业、学历、城乡、经济区域、网格空间位置、兴趣集、社交能力和理解能力等。

公众 Agent 的行为规则:

　　根据公众 Agent 的类型和当前可获取的信息途径,确定自己的兴趣集、社交能力和理解能力。按照兴趣集定义的信息途径和访问频度访问各种类型的科普机构和媒体,获取科学知识,根据自己的理解能力,将这些科学知识转换为自身科学素养的提高。科学素养的提高是一个模糊计算过程,采用模糊推理的方法进行处理:首先根据对公众 Agent 的科学素养的打分,定义模糊集 μ_1 为"具有基本科学素养",它的隶属函数为 f_1;定义模糊集 μ_2 为"不具有基本科学素养",它的隶属函数为 f_2。同样,对各种信息途径提供的知识也进行打分,定义模糊集 η_1 为"提供科学知识",它的隶属函数为 g_1;定义模糊集 η_2 为"提供伪科学知识",它的隶属函数为 g_2。其中,隶属函数 f_1,f_2,g_1 和 g_2 都采用钟型函数表示:

$$\text{bell}(x,a,b,c)=\frac{1}{1+\left|\dfrac{x-c}{a}\right|^{2b}}$$

　　分别对公众 Agent 的科学素养、各信息途径提供的知识进行打分,取值为0～100,科学素养变化的模糊规则:

　　1)如果自己的具有基本科学素养,且访问的信息途径提供科学知识,那么

$$h=\max\{0,x+ya\}$$

　　2)如果自己的具有基本科学素养,且访问的信息途径提供伪科学知识,那么

$$h=\max\{0,x-(100-y)a\}$$

　　3)如果自己的不具有基本科学素养,且访问的信息途径提供科学知识,则

$$h=\min\{100,x+ya\}$$

　　4)如果自己的不具有基本科学素养,且访问的信息途径提供伪科学知识,则

$$h=\min\{100,x-(100-y)a\}$$

式中:h 为变化后公众 Agent 的科学素养;x 为原来的科学素养;y 为

得到的知识；a 为公众 Agent 的理解水平。

设公众 Agent 的当前科学素养水平为 s，从 m 个信息途径获取的知识 t，则推理步骤如下：

1）分别计算隶属度 $f_1(s)$，$f_2(s)$，$g_1(t)$ 和 $g_2(t)$；

2）计算 $w(1,1)=f_1(s)g_2(t)$，$w_1(1,2)=f_1(s)g_2(t)$，$w_1(2,1)=f_2(s)g_1(t)$ 和 $w_1(2,2)=f_2(s)g_2(t)$；

3）计算 $W=w(1,1)+w(1,2)+w(2,1)+w(2,2)$；

4）计算 $P_1=w(1,1)/W$，$P_2=w(1,2)/W$，$P_3=w(2,1)/W$ 和 $P_4=w(2,2)/W$。

这样 P_i 为执行第 i 条模糊规则的概率，根据次概率可以决定执行那一条规则来改变公众 Agent 的科学素养水平。

（2）科普机构 Agent。

科普机构 Agent 建模图书馆、学校、科技馆等经常性科普机构，是科普活动的发起者。它的属性主要包括科普作用因子、影响范围、容量和网格空间位置等。

科普机构 Agent 的行为规则：

当被公众 Agent 访问，如果没有达到自己的容量，那么按照自己的作用因子向公众 Agent 提供科学知识。

（3）媒体 Agent。

媒体 Agent 也是科普活动的发起者，它建模报纸、电视、广播等参与科普宣传的媒体。它的属性主要包括科普作用因子、影响范围、信息更新频率和网格空间位置等。

媒体 Agent 的行为规则：

当它被公众 Agent 访问时，按照自己的作用因子和信息更新频率向公众 Agent 提供科学知识。在媒体更新知识前，公众 Agent 每次访问媒体 Agent 所能获取的科学知识将会逐次减少。

（4）外部事件激励 Agent。

为了能够通过演化预测湖南省可能采取的科普对策措施的效果，

将这些科普措施建模成为外部事件,在仿真之前或者在仿真的过程中由外部事件激励 Agent 动态加入系统,这些外部事件的执行将会打破系统现有的动态平衡,导致系统从一个状态演化到另一个新的状态。

外部事件主要考虑以下的科普措施:增加科普投入、增加媒体科普宣传投入、提高科普机构的效能、举办科普宣传活动等。这些外部事件包括类型、发生时间、发生地点、持续时间、科普作用因子等。

针对不同类型的外部事件,外部事件激励 Agent 将其影响不断作用于相应的公众 Agent、科普机构 Agent 以及媒体 Agent,这样就改变了系统的状态,打破了系统的平衡,导致系统演化到新的状态。外部事件的持续时间结束后,外部事件激励 Agent 撤销该外部事件,不再继续执行该事件。

(5)系统整体性模型。

系统整体性模型定义了 Agent 活动的空间。根据仿真的目标,将仿真的空间定义为湖南省的地理位置空间,并将其网格化,这样湖南省的 14 个市(州)分别被映射为网格空间中 14 个不同的子空间。系统整体性模型还描述了公众 Agent、科普机构 Agent 和媒体 Agent 在仿真空间中的分布情况,这些信息能够被公众 Agent 所感知,用来作为指导自己行为的依据。系统的宏观状态也是通过系统整体性模型来描述的,系统整体性模型动态统计各市(州)公众 Agent 的科学素养水平以及湖南省全部公众 Agent 的科学素养水平,然后通过曲线图、直方图和网格空间地图的方式显示出来,这些状态是作为宏观规律从微观个体的相互作用中涌现出来的。

2. 多 Agent 模型的演化

复杂自适应系统理论的基本观点是"适应性造就复杂性",而适应性体现在系统的演化过程中。在湖南省科学素养趋势的多 Agent 模型中,系统演化的动力主要有两个方面:一方面是系统组成个体之间的信息交流,它促进了组成模型的个体对环境的适应性;另一方面是公众 Agent 科学素养的群体演化,它促进了公众 Agent 群体整体的适应性。

图 6.2 给出了多 Agent 模型中各组成部分之间的信息流。

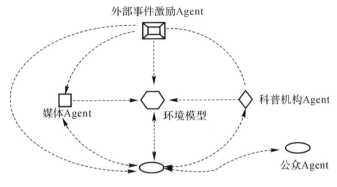

图 6.2　各组成部分之间的信息流

民众 Agent 科学素养的群体实现,借鉴生物进化中的遗传算法来实现。

针对湖南省科学素养趋势预测系统的特点,对小范围的公众 Agent 群体进行演化。演化算法不采用传统的二进制编码,直接使用 Agent 的属性值来进行适应度计算,后面的选择、交叉和变异操作都是基于这种考虑。

定义适应度函数:

$$\text{fitness} = \frac{\sum_{i=0}^{11}(c_i \times \text{attribute}_i)}{g \times |\text{level}_{\text{environment}} - \text{level}_{\text{agent}}|}$$

式中 : attribute_i ——分别按照上述属性对公众 Agent 科学素养的贡献赋值为 0~1 的实数;

$\text{level}_{\text{agent}}$ ——公众 Agent 的科学素养水平;

$\text{level}_{\text{environment}}$ ——公众 Agent 群体的平均科学素养水平;

c_i ——常数。

变异与选择类似,依然要考虑编码方式的特殊性,因此将典型算法中 1—→0 或 0→1 的变异方式改为对属性取值的改变,算法改进如下:

（1）根据变异率（一般很小）决定变异个体；

（2）随机选取变异属性；

（3）在被选取属性的取值范围内随机选取新的属性值完成变异。

6.1.3 湖南省科学素养趋势的复杂系统仿真实现

根据湖南省科学素养趋势研究建模的需求，在国防科学技术大学计算机学院研发的复杂系统分布仿真平台——JCass 下，利用 Java 编程语言，开发了"湖南公众科学素养趋势预测与对策研究仿真系统"。

1. 系统初始化

系统的初始状态数据是根据 2003 年湖南省公众科学素养调查数据，因此本次仿真的时间起点是 2004 年 1 月。由于调查数据只有全省的概略数据，没有较细的 14 个市（州）的统计数据，因此选择了以下 5 个准则对湖南各市（州）情况进行评估。这 5 个准则分别是性别比例、城乡人口比例、文化程度、职业、经济实力。方案集为湖南省 14 个市（州）。使用该层次分析模型和相关的统计数据，得到的评估结果如表6.1 所示。

表 6.1 2003 年湖南省各市（州）科学素养水平评估结果

市（州）	科学素养水平/%	市（州）	科学素养水平/%
长沙	2.332 4	张家界	1.069 0
株洲	1.941 3	益阳	1.496 9
湘潭	1.782 4	郴州	1.171 2
衡阳	1.415 1	永州	1.075 3
邵阳	1.070 8	怀化	1.016 6
岳阳	1.800 8	娄底	1.145 1
常德	1.275 5	湘西	0.970 0

比较湖南省公众科学素养分层调查结果：中心城市公众科学素养为 2.12%，第一层为 1.60%，第二层为 0.94%。计算结果与已有统计数据相差不大，模型结果具有合理性。

根据湖南人口、科普机构和科普媒介的分布，将公众、科普机构和科普媒介等三类 Agent 模型实例化为具有不同属性值的实例 Agent。其中公众 Agent 有 6 694 个,科普机构 Agent 17 个,科普媒介 Agent44 个。

2.发展趋势预测的仿真结果

按照前面的设计和初始化,将现有的公众科学素养水平、人口状况、科普机构分布和科普媒介数量及分布作为现状,对以下几种情况进行了仿真,并给出了仿真结果。

维持现有的人力、物力投入,保持现有科普机构和科普媒介的正常运转的情况下,全省及各市(州)的公众科学素养水平状况的发展状况。

图 6.3 所示为湖南全省公众科学素养的发展趋势。可以看出,在维持现有的人力物力投入、保持现有科普机构和科普媒介的正常运转的情况下,在头 4 年内(即 2004 年 1 月—2007 年 12 月)全省公众的科学素养水平保持缓慢增长,以后这些投入只能基本维持公众科学素养的现有水平。从图 6.3 还可以看出,在维持 2003 年的现有投入的条件下,到 2008 年公众基本科学素养只能提高 0.06%,达到 1.47%,在以后也就基本维持这一水平。因此,全省公众科学素养水平要想提高还需要进一步的投入。

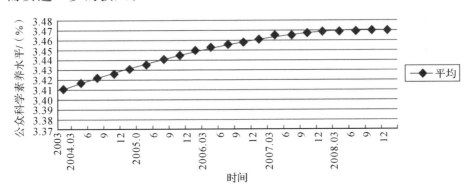

图 6.3 湖南省公众科学素养发展趋势图

图 6.4 是湖南省各市(州)的公众科学素养的发展趋势图。可以看出,公众科学素养高于省平均水平的市(州)有长沙、株洲、岳阳、湘潭,其中长沙高出平均水平约 0.9 个百分点,株洲、岳阳、湘潭约高出

平均水平 0.4 个百分点,几乎与平均值相当的有益阳和衡阳。

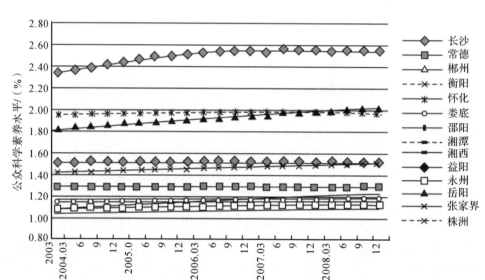

图 6.4 湖南省各市(州)公众科学素养发展趋势图

6.1.4 科普发展对策研究及其效果分析

通过复杂系统计算机仿真,在湖南省科普素养趋势预测的基础上进行对策研究,可以获得如下合理、可信的结果,供决策参考。

(1)2003 年湖南省公众具备科学素养的比例为 1.41%,低于全国公众具有科学素养比例的平均水平 1.98%。通过复杂系统仿真对公众科普素养的趋势预测,按照目前的科普投入,场地规模、媒体作用和科普活动水平,经过 4 年发展到 2008 年底,湖南省的公众素养只增长了 0.6%,达到 1.47%,远落后于全国公众科学素养规划的水平3.0%,因此迫切需要研究对策。提高湖南省公众科学素养水平最根本、最有效的方法是增加科普发展的投入。对策推演表明,如果湖南省科普投入从人均 0.33 元增加 0.43~0.48 元(每年人均增加 0.1~0.15 元),则可望 2008 年达到 3.04%~3.64%,刚好满足全国规划的要求。

图 6.5 为增加投资时湖南省公众科学素养发展趋势图。

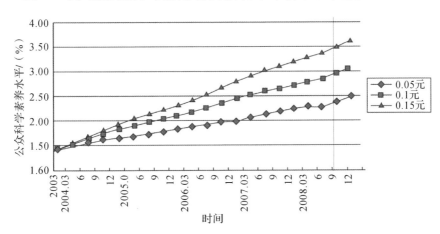

图 6.5 增加投资时湖南省公众科学素养发展趋势图

（2）研究表明，投资只是发展科普、提高公众科学素养水平的基础和前提，同时必须采取强有力的措施，保障投入和产出的效率。预测对策研究表明，湖南省科普工作应该在科普机构、场地、媒体发展和科普活动等诸多方面下大力气，并且通过对每个方面的发展都提出了具体的要求，即科普机构和场地要求每年提高效率 4.5%、媒体发展每年提高 3.0%、科普活动虽然没有量化仿真，但也要求逐年提高效率达到 3%～4.5%。图 6.6 为加大科普场馆建设时湖南省公众科学素养发展趋势图，图 6.7 为加大有效媒体建设时湖南省公众科学素养发展趋势图。

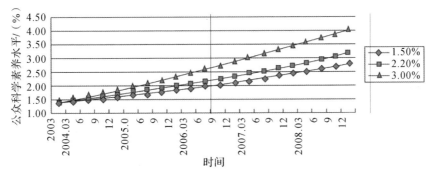

图 6.6 加大科普场馆建设时湖南省公众科学素养发展趋势图

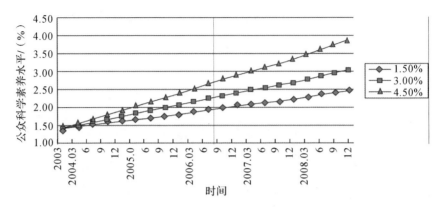

图 6.7　加大有效媒体建设湖南省公众科学素养发展趋势图

（3）研究还表明，湖南省科普发展工作要有层次、要有重点、要有针对性。通过对湖南省各市（州）公众科学素养趋势的整体预测，各地区的发展水平相差很大，大致可以分为三个层次：高于全省平均水平的有长沙、株洲、岳阳和湘潭；与全省平均水平相当的有益阳、衡阳；低于全省平均水平的有常德、张家界、湘西和怀化。根据不同市（州）的性别比例、城市化程度、文化程度、职业结构、经济实力等不同情况，可以采取相应的措施，具体的建议如表 6.2 所示。

表 6.2　湖南省科普能力评估分层及对策建议

准　则	评估结果分层	对策建议
性别 比例	1.衡阳、永州、邵阳、郴州、岳阳	调整针对男性科普措施
	2.娄底、怀化、张家界、湘西、湘潭	男性、女性科普工作协调发展
	3.常德、长沙、株洲、益阳	加强针对女性科普措施
城市化 程度	1.长沙、株洲、湘潭、岳阳	加强城市社区科普措施
	2.郴州、常德、益阳、娄底、衡阳	农村、城市科普工作协调发展
	3.张家界、湘西、永州、怀化、邵阳	加强针对农村科普措施
文化 程度	1.长沙、湘潭、株洲衡阳、湘西、张家界	提高科普工作层次和水平
	2.益阳、岳阳、郴州、娄底、怀化	提高科普工作和加强基础教育并重
	3.永州、邵阳、常德	加强基础教育
职业 结构	1.长沙、湘潭、株洲、益阳、衡阳	加强企业以及具有职业针对性的 科普措施
	2.娄底、湘西、岳阳、邵阳	协调发展
	3.张家界、怀化、永州、常德	加强农业以及赋闲人员科普措施

续表

准 则	评估结果分层	对策建议
经济实力	1.长沙、株洲、衡阳、岳阳	正确引导科普消费及增加科普消费场所
	2.张家界、湘潭、常德、娄底	引导科普消费与增加直接投资并重
	3.永州、益阳、郴州、怀化、邵阳、湘西	加大直接科普投资

政府决策措施的有效性依赖于决策过程的科学化。它包括实事求是的决策原始数据,对事物发展趋势的正确分析,以及措施实施过程的有效反馈和验证。从湖南省公众科学素养趋势预测和对策研究的实例来看,复杂系统计算机可以将原始抽样调查数据通过系统建模和仿真来得到形象生动的预测,又可以通过改变模型的结构和参数获得改变的影响,从而获得对策有效性数据。因此,复杂系统计算机仿真是科学的趋势预测和对策研究最现代化的工具。

§6.2 基于复杂系统理论的网络中心战整体性建模与仿真探索

6.2.1 引言

信息技术的发展,引发了全球范围的新军事变革,催生了"网络中心战"这一信息化时代的崭新作战样式。2003 年的伊拉克战争中,美军充分运用"网络中心战"理论,以高技术武器装备为手段,在近两个月的时间内迅速取得了胜利,显示了这一作战样式的强大威力。

6.2.2 基本概念

1.网络中心战

网络中心战(Network Centric Warfare,NCW)是相对于"平台中

心战"而言的新概念,由美海军作战部长约翰逊上将于 1997 年 4 月率先提出。传统的作战平台是军舰、飞机、坦克等装载武器、传感器及其他电子设备的载体,各平台主要依靠自身的传感器和武器进行作战,平台之间的信息共享非常有限。显然,这种作战方式无法适应高技术条件下的未来战争。

在未来战争中,必须采用先进的信息技术把作战部队、作战支援部队及其作战平台,以及轨道上的卫星联系起来,实现陆、海、空、天作战部队之间各作战平台之间的高速度、大容量、远距离实时数据交换,使各级指挥官能及时、全面地掌握战场态势,协同采取行动,实施精确打击和联合作战。网络中心战就是利用强大的计算机信息网络,将分布在广阔区域内的各种传感器、指挥中心和各种武器合成为一个统一、高效的大系统,实现战场态势和武器的共享。

网络中心战强大的威力主要来自其网络结构,按功能可以把整个网络分为三个互相连接的部分:传感器网络(感知网络)、作战指挥网络和信息网络(见图 6.8)。传感器网络通过数据融合技术,迅速合成整个战场空间的态势图;与此同时,交战网络对分散在战区内的各平台上的武器进行指挥与控制。高质量的信息网络为传感器网络和交战网络提供支撑,它是所有这一切的基础。

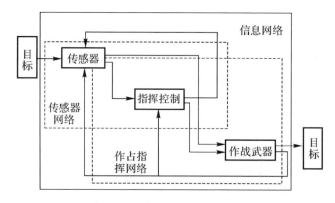

图 6.8　网络中心战的逻辑组成图

2. 网络中心战的主要研究方法——复杂性理论

2000 年,在皇家联勤学院(RUSI)举办的关于未来情报、监控、目标获取和侦察(ISTAR)会议上,当时的美国海军中将 Cebrowski 作了题为 *Network Centric Warfare and Information Superiority* 的发言:作为一种新发展的战争理论,网络中心战的基本概念是非线性、复杂性和混沌,它具有较少的确定性而具有较多的涌现性;更多地强调行为而不是实体;较少地注重事件而较多地注重事件之间的联系。英国国防科学和技术实验室的首席分析师 Roger Forder 在讨论来国防分析研究时也指出:"复杂性理论,其长处在于对涌现行为的理解,而不仅限于对现象的观察,它的使用应当在很大程度上有助于处理现行国防分析中面临的某些重点问题。也许在数年内,对这些问题的探讨只能期望于复杂性理论的发展。"

因此,在本质上,网络中心战可以看作是一个复杂系统,而对网络中心战的研究,可以从复杂系统的角度,以复杂性理论为指导来进行。表 6.3 描述了复杂性理论概念与信息时代战争力量之间的关系。

表 6.3 复杂性理论概念与信息时代战争力量之间的关系

复杂性概念	信息时代的作战力量
非线性交互作用	作战力量由大量非线性交互作用的部分构成
分散控制	不存在指定每一个作战单元的每一次行动的全局命令
自组织	通常表现为"混沌"的局部行动引发大范围的序
非平衡态的序	军事冲突本质上是远离平衡态的;局部作用的关联是关键
适应性	作战力量必须在变化的环境中连续地适应和协同演化
群体动力学	战争单元行为和指挥控制结构之间存在连续的反馈

6.2.3 网络中心战的需求分析

美军提出网络中心战后,世界上许多国家也相继开展了与网络中心战相关的军事变革,构建信息化时代的 CISR 体系,把建设信息化部队、打赢信息化战争,作为军事斗争的主攻方向。

美国对网络中心战这种新的具有革命性的思想进行研究,主要采用作战实验的方法,具体来说就是军种实验、联合演习、模拟推演和实战检验等多种方式。另外,也开展了网络中心战模拟仿真的研究(如TSUNAMI)。由于作战实验需要强大的技术实力、装备水平和资金作为后盾,鉴于我军目前的软硬件条件还不足以实施网络中心战,因此,通过仿真的方法来对网络中心战进行预先研究,就可以提前掌握网络中心战中的关键技术,为我军在未来实施网络中心战奠定坚实的基础。针对网络中心战的仿真必将成为我军军事仿真的重要发展方向。

6.2.4 基于复杂系统理论的网络中心战建模与仿真中的关键技术

网络中心战简要地说就是要求战场实体(包括作战单元)和环境数字化,战场态势的演化与共享,联合交互计划和协同同步作战,趋势预测和结果分析等。核心部分在于态势共享、分散自主与协同作战以及危机的判别与处理。

建模与仿真中的关键技术主要包括以下几个方面。

1.基于 Agent 的网络中心战复杂系统分布仿真框架

由于网络中心战中各作战实体之间存在层次性,以及网络中心战与生俱来的分布式特点,可以采用层次结构的复杂系统仿真方法,通过整体性建模,给出了一种新颖的网络中心战多智能体分布仿真框架体系结构,其逻辑框图如图 6.9 所示。外部事件对网络中心战仿真系统起制约或激励作用,系统边界区分了网络中心战的范围及其环境,外部事件通过系统边界作用到系统上。对全局战场进行整体建模,局部战场和作战单元分别进行分层建模。作战单元的适应性行为和协同组成了局部战场演化,局部战场的演化组成了全局战场的演化,并各自形成全局和局部态势。通过对全局态势进行整体性分析,确定是否发生了"涌现",从而制定相应的决策并形成新系统。

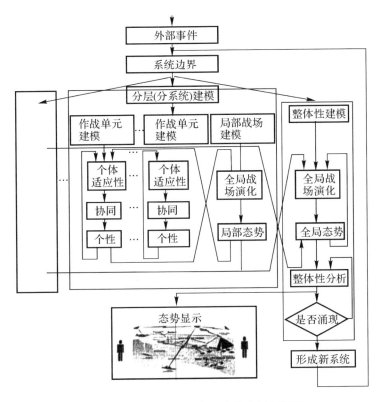

图 6.9　层次结构的复杂系统仿真逻辑框图

2.基于复杂系统理论的网络中心战建模方法

(1)作战单元的 Agent 建模。

由于复杂系统的组成元素之间的关系比较复杂,基于 Agent 的建模仿真方法成为研究复杂系统的一种重要手段。因此,对网络中心战中的各种作战单元,我们也采用了基于 Agent 的建模方法。每个作战单元都有自己的感知、决策/规划和交互能力。感知部件可以获取本地、局部乃至全局的战场态势,决策部件进行态势分析,并根据自己的目标意图以及上一级指挥机构的命令进行决策和行动规划,并采取一定的作战行动。

考虑到网络中心战的网络组成结构,可以将作战单元的 Agent 的模型结构用图 6.10 来表示。

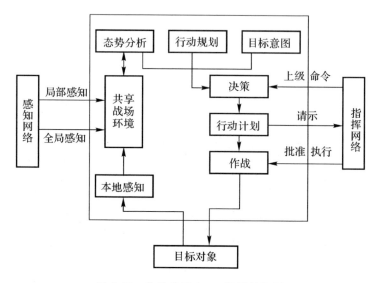

图 6.10 作战单元 Agent 模型结构图

(2)局部/全局战场整体性建模。

在对网络中心战进行建模的过程中,考虑到战场的层次性和整体性,我们对局部战场和全局战场进行了整体性建模,与作战单元 Agent 建模不同的是:在局部/全局战场建模中更注重的是更高层次的决策制定,引入了态势评估/危机(涌现)判别等模块,综合作战预案数据库、战例数据库以及各种决策工具来对局部/全局战场上的指挥决策进行建模。具体结构如图 6.11 所示。

其中:局部/全局战场电子沙盘模块以及超实时兵棋推演模块可以分割出来,采用专门的处理计算机处理;信息融合模块主要包括数据预处理、目标位置和身份识别等。

3. 网络中心战中战场态势共享与演化的建模

战场态势,是战场上各种力量所存在的状态和形成的形势,全面、准确、及时地了解战场态势是正确判定战场态势的关键。一般来说,战场态势至少应该包括我方位置及状态信息、敌方位置及状态信息、战场监视图像和视频信息、战场警报信息、电子地理信息等。

(1)战场信息的融合。

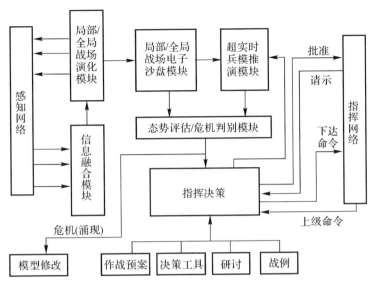

图 6.11　局部/全局战场模型结构图

在军事应用上,把信息融合定义为一个对来自多源的信息和数据进行检测、关联、相关、估计和综合等多级多方面的处理过程,以得到准确的状态和身份估计,完整及时的战场态势和威胁估计。在网络中心战中,信息融合是提供"战场空间态势图"的基础与关键,是天基、陆基、海基、空基信息系统执行的主要功能。

按照信息融合的不同级别,可以将信息融合算法分为以下几类:

1)检测级及位置级融合属较低级别的融合,参与融合的数据主要是一些同类传感器测取的数值,如雷达情报,采用的算法主要是概率统计类,有贝叶斯理论、N-P算法、序贯贝叶斯、恒虚警概率检测等检测、判决算法,数据对准、数据关联、航迹滤波、预测与综合跟踪的算法,航迹关联及航迹融合算法等;

2)属性级融合属较高级别的融合,融合在决策层、特征层或数据层上进行,采用的算法主要有经典推理法、贝叶斯推理、D-S证据理论、广义证据理论法、层次化描述法、模糊集理论、专家系统、聚类分析法、神经网络法、参数模板法、最大似然估计法等;

3)态势评估级及威胁估计级的融合属高级别的融合。

（2）战场信息的共享、分发。

在态势共享的仿真实现中，为了降低通信代价，增强数据交互的灵活性，可以采用两种途径：基于数据分发的推方法和基于共享变量的拉方法。

对基于数据分发的推方法，可以借鉴 HLA 仿真中用兴趣管理机制，确定共享状态信息的发布/订阅关系（见图 6.12），事先分配数据分发的通路。为了提高通信的效率，一般使用组播通信来完成数据的分发。基于共享变量的拉方法是 PDES－MAS 项目中提出的，仿真实体在需要访问环境共享状态时，向负责通信的实体发送请求对共享变量执行指定的访问操作。这种方法不会导致广播通信，不依赖于组播协议，可以避免时间一致性错误的发生。为了适应系统的动态性，可以通过将共享变量在通信仿真实体之间迁移均衡负载。

另外，战场态势信息应该实现最大限度的共享，但同时，出于保护信息安全和节省通信资源的考虑，必须区分共享权限，严格控制出于猎奇甚至敌意的越权共享。

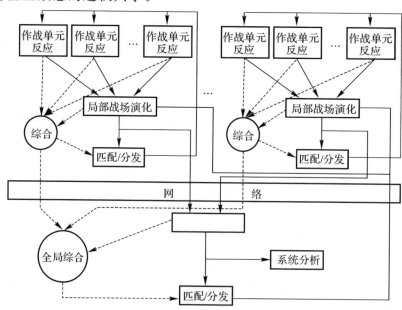

图 6.12　网络中心战战场态势演化图

4. 网络中心战中协同作战的建模与仿真方法

对网络中心战复杂系统中协同作战的建模与仿真,可以采用多 Agent 协作有关的理论和方法,但是需要考虑网络中心战条件下的特殊背景。

协同作战是在态势共享和意图共享下的协同作战。首先,需要解决的问题是实体模型的认知和决策行为,关键是建立一套认知的体系结构和选择恰当的决策方法。就认知体系结构而言,可以参考具有广泛研究和应用背景的 ACT-R 和 Soar。对于决策模型的开发,传统的理性选择理论虽然在许多环境下都适用,但是并不满足军事决策中可变性和灵活性的要求。军事决策往往是在不确定的环境条件、信息不完备、紧张的时间压力下做出的,作战单元往往通过对形势的估计,从自己的知识和经验中选择一种可行而不一定是最优的行动方案,在此基础上发展出称为自然决策制定(Naturalistic Decision Making, NDM),目前已经成为军用仿真中行为建模的主要方法。其次,网络中心战中的作战单元一般是多任务的,这就需要在协同作战中还要考虑任务之间的关系以及主次。最后,在对作战单元协同作战的仿真中,为了减少对仿真带宽的需求,如何合理地在各仿真节点上分布需要协同作战的仿真实体,从而有效地减小通信开销,也是一个需要加以重视的问题。

5. 态势演化流程及仿真引擎

网络中心战复杂系统仿真中基于共享的态势演化也是我们研究的关键问题。通过对局部战场态势以及全局战场态势演化的仿真,可以有效地预测战场态势,利于决策的制定。图 6.12 表示了网络中心战中各层次战场态势演化的关系。

因此,网络中心战复杂系统的仿真流程如下:

(1)作战单元根据上次态势的变化做出反应,定购下次环境,推进时钟;

(2)局部战场收集齐作战单元的反应进行演化,演化结果通告全

局战场,同时定购下次全局态势,并提出下一时间步长;

(3)全局战场在收集齐局部战场演化结果后进行全局演化,战场的结果进一步分析,判定是否涌现,同时提出下一时间步长;

(4)全局综合将根据各局部战场的定购,经匹配/分发把战场演化结果送到各分系统,并修改局部战场态势,同时综合分系统步长和系统演化步长后,决定系统下一步;

(5)局部战场将依据元素的定购,经匹配/分发把修正的局部态势送到元素入口。

由此可见,仿真引擎可以采取保守的时间推进机制或乐观的时间推进机制。国防报告建议在同一处理机的多 Agent 之间采用保守机制,而处理机与处理机之间采用乐观机制。

6.战场危机判别及预警的仿真与建模

在网络中心战建模与仿真中,对局部战场和全局战场演化过程中出现的危机事件(如要塞失守、通信瘫痪、敌军偷袭等)进行有效地判断和预警是十分重要的,是仿真中指挥单元实体进行正确决策的关键依据。因此,在基于复杂系统理论的网络中心战建模与仿真过程中,我们采用了复杂系统整体性建模的时空结构法,对虚拟战场中出现的危机事件进行判别和预警。

时空结构法用时空结构网络来描述网络中心战复杂系统的时空结构,而后从两个方面加以探讨。首先搜索系统的特征时空结构,去掉那些对系统整体性影响不大的结构成分,特征时空结构指的是造成系统整体性的简约系统时空结构。其次,根据特征时空结构相似原理,寻求不同特征时空结构的整体性差异,来达到定量描述和预测系统整体性的目的。时空结构法是建立在以下定义和定理基础之上的。

特征时空结构的定义:系统的特征时空结构是呈现系统整体性的简约系统时空结构,记做 Ψ,它呈现的整体性记做 Wholeness(Ψ)。

定理 6.1 假设存在两个完全相似的时空结构 Ψ_K 和 Ψ_T,即 $\Psi_K - \Psi_T$,则它们呈现的整体性相同,即 Wholeness(Ψ_K) = Wholeness

（Ψ_T）。

定理 6.2 如果特征时空结构 Ψ_K 中包含了另一个特征时空结构 Ψ_T，即 $\Psi_T \in \Psi_K$，则特征时空结构 Ψ_K 呈现的整体性包含了特征时空结构 Ψ_T 所呈现的整体性，即 Wholeness(Ψ_T)$\in$Wholeness(Ψ_K)。

由此可见，时空结构法是通过系统整体来研究整体性的方法，使用的手段是图论中的类比。对进行图的分解和匹配非常耗费计算资源，在实际系统研究中需要找到启发信息来加速这一过程。

6.2.5 结束语

作战模拟要着眼于未来信息化战争，虽然这一新的战争形态还没有完全成型，并且我军的软硬件条件距离实现信息化战争还有相当的差距，但是我们不能因此就忽视信息化战争的建模与仿真，相反，构建信息化战争仿真平台，"从实验室中学习战争""从未来中学习战争"才是明智之举。

本书对网络中心战这一信息时代崭新作战样式的建模与仿真进行了初步的讨论，提出了基于复杂系统理论的网络中心战建模仿真方法，并对网络中心战复杂系统仿真的体系结构、流程和关键技术进行了详细的讨论，下一步的工作就是要在提出的仿真框架下，进行系统的总体设计和详细设计，对网络中心战进行初步的概念验证。

附　　录

附录1　湖南省科普发展预测与策略
分析研究报告

一、科学素养趋势预测与对策研究的理论与方法

社会公众科学素养系统是典型的复杂系统，由公众、科普机构、科普设施和大众传媒等诸多元素构成。系统内的诸多元素之间存在复杂的关联，它们在统一的环境里相互作用、相互影响、相互补充、相互激励和制约，总体行为表现出非线性，一般无法用数学公式静态描述其特性。

对于湖南省公众科学素养趋势预测与对策研究这样一个复杂性问题，传统的做法是进行抽样调查和统计分析，获取历史数据和现实数据，根据统计数学模型的简单外推和猜测来得出结论。但是对于复杂系统而言，简单的数学模型是无法描述系统的动力学特征的。因此，这些方法得出的结论缺乏可信度，也无法揭示科普系统演化的内在机理。本书拟采用多智能体建模方法，指导建立社会公众科学素养系统科普系统的动力学模型，建立多智能体仿真与社会系统之间的数字－物理元知识表示框架和状态推演算法，研究公众科学素养的演化趋势，并且把科普发展规划的措施建模为外部事件作用于所建立的模型，在 Advanced JCass 平台上实现应用实例、验证方法和平台的有效性，根据仿真结果来评价这些措施的实际效果，为政府决策提供咨询

建议,具有重要的理论和实践意义。

二、湖南省各市(州)科学素养现状分析

应用"米勒标准",我国从 1992 年开始,我国曾多次对公民科学素养做过测评,但是结果表明,我国公民科学素养不但低于发达国家,而且还低于世界平均水平。

中国科学技术协会 2010 年 11 月 25 日对外发布第八次中国公民科学素养调查结果称,"十一五"期间中国公民的科学素养水平明显提升,2010 年中国大陆具备基本科学素养的公民比例达到 3.27%,但也仅仅相当于日本、加拿大、欧盟等主要发达国家和地区 20 世纪 80 年代末、90 年代初的水平。

对于湖南省来说,2010 年第三次公众科学素养调查结果显示,截止到 2010 年 12 月,湖南省公众具备基本科学素养的比例为 2.2%,尚未达到国家平均水平。因此科学普及在湖南省仍然任重道远。有针对性地开展湖南省公众科学素养趋势预测与对策研究,是湖南省科学制定科普发展规划,推进科普工作发展和实施科教兴国战略的重要组成部分。

目前,湖南省公众的科学素养在总体水平、性别、年龄和受教育程度等方面与发达国家和国内各省市自治区相比有一定差距。在具备科学素养的比较中,湖南省具备科学素养的比例明显低于发达国家,也低于国内经济发达的省市自治区的水平;在性别差异的比较中,湖南省公众具备科学素养的男女之间的差异低于发达国家的差异,也低于国内其他省市自治区的差异;在年龄和受教育程度的比较中,湖南省青年人的基本科学素养水平略高于全国水平,而老年人的基本科学素养水平要低于全国水平,湖南省具备基本科学素养公众的受教育程度情况与全国水平基本持平。

三、湖南省科学素养趋势建模

根据湖南省科普的特点,将建立公众 Agent、科普设施 Agent、科普媒体 Agent、科普机构 Agent、外部激励 Agent、环境 Agent 和系统

整体性等 7 类模型。构建的时空结构被用来确定它们之间的交互/关联关系及其随时间变化的规则。

(一)系统整体性模型

系统整体性模型定义了 Agent 活动的空间。根据仿真目标,将仿真的空间定义为湖南省的地理位置空间,并将其网格化,这样湖南省的 14 个市(州)分别被映射为网格空间中 14 个不同的子空间。系统整体性模型还描述了公众 Agent、科普机构 Agent 和媒体 Agent 在仿真空间中的分布情况,这些信息能够被公众 Agent 所感知,用来作为指导自己行为的依据。系统的宏观状态也是通过系统整体性模型来描述的,系统整体性模型动态统计各市(州)公众 Agent 的科学素养水平以及湖南省全部公众 Agent 的科学素养水平,然后通过曲线图、直方图和网格空间地图的方式显示出来,这些状态是作为宏观规律从微观个体的相互作用中"涌现"出来的。

附图 1 为多智能体仿真模型中的各组成部分之间的信息流。

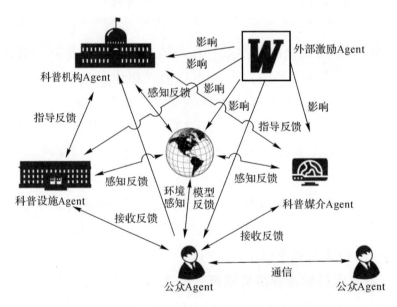

附图 1　多智能体仿真模型中的各组成部分之间的信息流

(二)环境模型

在科普系统的演化模型中,环境模型建模科普系统组成个体的活动场所和外部条件,提供公众 Agent、科普设施 Agent、科普媒介 Agent、科普机构 Agent 的世界信息。环境模型包括经济环境、人文环境、教育环境等、交流环境。

(1)经济环境是将经济发展水平等定性指标量化,主要提高经济发展参数;

(2)人文环境是将人文事业、人们参与科普的积极程度等定性指标进行量化,主要提供科技人员社会地位参数;

(3)教育环境是将教育科技事业发展水平等定性指标进行量化,主要提高对科学的态度及重视程度和科普投入力度;

(4)交流环境将交通和邮电通信等事业的发展情况进行量化,主要提供交通通信发展情况参数。

为了使仿真模型更加具体,采用分布式环境模型在湖南省科普系统的演化模型中,根据湖南省的市(州)行政划分,将环境建模为 14 个子环境模型,表示为(〈Economy, Literacy, Education, Communication, Location〉, Processe),其中 Processe 是作用在〈Economy, Literacy, Education, Communication, Location〉上的一组映射。

(三)公众 Agent

公众 Agent 是科普工作的受众,是公众科学素养的主体。公众 Agent 对公众在科普系统中的行为进行建模。根据仿真的目标、现有的数据和实际可以提供的计算能力,我们把公众抽象层次定义到公众万人级,即把每万公众作为多 Agent 模型中的最基本单位。以 2010 年湖南省总人口数 65 683 722 为例,需要建立 6 568 个公众 Agent。

公众 Agent 按照影响科学素养的外在因素与内在因素,将其属性分为世界信息和心智状态。世界知识是通过感知环境,进而对感知信息进行综合建模得到的,包括公众 Agent 所处的地区的经济发展参数、对科学的态度及重视程度、科技人员的社会地位、教育事业发展参数、对教育的重视程度、对教育的投资力度以及交通通信的发展参数。心智状态主要包括性别、年龄、职业、学历、知识兴趣、社交能力、理解能力等属性。附图 2 为公众 Agent 的逻辑结构。

其中社交能力影响到公众 Agent 与其他公众 Agent 的交流能力；兴趣和理解能力则影响公众 Agent 对于接收到的科学素养的吸收力度。

为了简化，我们在仿真的过程中，规定每一个公众 Agent 只与它相邻的 Agent 进行科学素养的交流。不相邻的两个 Agent 之间没有科学素养的交流，或者将这种交流获得的科学素养归于它从科普媒介获得（如电话、上网聊天获得）。

因为智能体具有"聚合性"，即每个公众 Agent 总是向科学素养与之相近的子区域移动。定义子区域的科学素养为居住在该子区域中的公众 Agent 的科学素养的平均值，它为 0～100 之间的浮点数。假设区域 i 中公众 Agent 的科学素养向为 x，邻近子区域 j 中公众 Agent 的科学素养为 t_j，则 Agent 向邻近子区域 j 移动的概率为

$$p_i = \frac{|x - t_j|}{\sum\limits_{k \in i\text{的邻近子区域}} |x - t_k|}$$

公众 Agent 的行为规则：

（1）感知环境模型，获得世界信息，影响公众 Agent 的心智状态和科学素养接收效率。

（2）根据公众 Agent 的类型和当前可获取的信息途径，如科普媒介 Agent、科普设施 Agent、其他公众 Agent 以及外部激励 Agent，确定自己的兴趣集、社交能力和理解能力。按照兴趣集定义的信息途径和访问频度访问各种类型的科普机构和媒体，获取科学知识，根据自己的理解能力，将这些科学知识转换为自身科学素养的提高。

（3）根据心智状态，将信息反馈给环境模型、科普机构 Agent、科普设施 Agent 和科普媒介 Agent。

(四)科普机构 Agent

科普机构是科普活动的发起者、组织者和管理者,它主要包括政府的科普机构(如科技厅、科技站等)、社会科普机构等。科普机构 Agent 是对科普机构在科学普及系统中的行为进行建模。每一个科普机构对应一个单独的科普机构 Agent。2010 年湖南省科普机构共有 32 个。

科普机构按照影响科学素养的外在因素与内在因素,将其属性分为世界信息、人员信息和能力信息。世界知识是通过感知环境得到的,包括科普机构 Agent 所处的地区的经济发展参数、对科学的态度及重视程度、科技人员的社会地位、教育事业发展参数、对教育的重视程度、对教育的投资力度以及交通通信的发展参数等。人员信息和能力信息包括所属地区、人员队伍构成、组织协调能力、领导力度、公众影响力等。附图 2 为科普机构 Agent 的逻辑结构图。

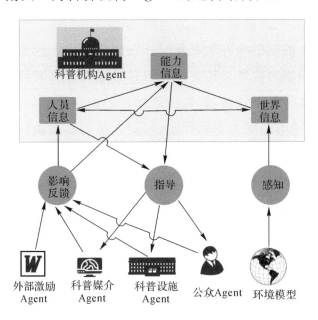

附图 2　科普机构 Agent 逻辑结构图

科普机构 Agent 的行为规则:

（1）感知环境模型，获得世界信息，影响科普机构的人员信息、能力信息和科学素养传播效率。

（2）接收外部激励 Agent、科普媒介 Agent、科普设施 Agent 和公众 Agent 的反馈，经状态变化模型修改人员信息和能力信息。

（3）人员信息和能力信息与世界知识一起经组织协调建模，产生科普媒介 Agent、科普设施 Agent 的指导信息和公众 Agent 的组织信息。

（五）科普设施 Agent

科普设施是科普活动的场所和载体，它主要包括图书馆、学校、科技馆、文化馆、博物

馆、展览馆、纪念馆等经常性科普设施。科普设施 Agent 是对科普设施在科普系统中的行为进行建模。对于科普设施，为了简化，我们将其具有相似性的一组作为一个 Agent。湖南省 2010 年共有文化馆 140 个，公共图书馆 120 个，博物馆、纪念馆 67 个。

科普设施按照影响科学素养的外在因素与内在因素，将其属性分为世界信息和能力信息。其中世界信息是通过感知环境，进而对感知信息进行综合建模得到的，包括科普媒介 Agent 所处的地区的经济发展参数、对科学的态度及重视程度、科技人员的社会地位、教育事业发展参数、对教育的重视程度、对教育的投资力度以及交通通信的发展参数。能力信息包括科普作用因子、影响范围、容量、科普内容和网络空间位置等。能力信息主要影响科普媒介对科学素养传播的力度。附图 3 为科普设施 Agent 的逻辑结构。

其中，科普作用因子是指科普设施在传播科学素养时，对于公众接受程度的一种衡量标准。因为科普设施对于具有不同公众心智状态属性的公众影响效果不同，所以在仿真建模中我们给出的科普作用因子，是该科普设施分别对不同性格、年龄、职业、学历等心智状态的作用因子的合集。在具体到某一公众 Agent 时，我们根据该公众

Agent 具有的心智状态属性,得到一个综合作用因子:

$$c = \frac{1}{n} \sum c_i$$

式中:c——综合作用因子;

c_i——该科普设施对应的不同心智状态的作用因子,各个作用因子由统计数据得到。

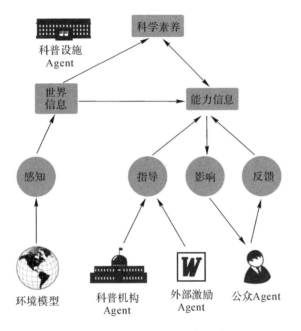

附图 3　科普设施 Agent 逻辑结构图

影响范围是指科普设施实际传播科学素养的有效辐射半径。在这里,影响范围的主要内容有两个,其中一个是科普设施以地理位置为中心的空间距离辐射半径,为了计算方便,我们认为辐射半径内的公众可以接收到科学素养知识,而辐射半径之外则无法接收到,具体如附图 4 所示;另一个由于科普设施含有容量属性,所以我们需要知道辐射范围内的人口总数。

科普内容主要是指科学素养三要素中的一种或者几种。

科普设施 Agent 的行为规则:

(1)感知环境模型,获得世界信息,影响科普设施的能力信息和科学素养传播效率。

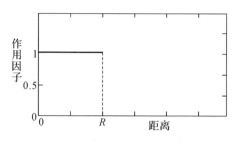

附图4 科普设施作用范围

（2）接收科普机构 Agent 和外部激励的指导，以及来自公众 A-gent 的反馈，改变能力信息，进而间接影响科学知识的传播，并对科普机构 Agent 进行反馈。

（3）当被公众 Agent 访问，如果没有达到自己的容量，则按照自己的作用因子向公众 Agent 提供科学知识。

（六）科普媒介 Agent

科普媒介也是科普活动的载体，它主要包括图书、报纸、期刊、宣传栏、电视、广播、科普网站等参与科普宣传的媒介。科普媒介。A-gent 是对科普媒介在科普系统中的行为进行建模。对于科普媒介，为了简化，我们都将其具有相似性的一组作为一个 Agent。2010 年湖南省共有广播电台 11 座，电视台 15 座（2010 年湖南省国民经济和社会发展统计公报）。出版图书 7 525 种、报纸 86 种、期刊 249 种。

科普媒介按照影响科学素养的外在因素与内在因素，将其属性分为世界信息和能力信息。其中世界信息是通过感知环境，进而对感知信息进行综合建模得到的，包括科普媒介 Agent 所处的地区的经济发展参数、对科学的态度及重视程度、科技人员的社会地位、教育事业发展参数、对教育的重视程度、对教育的投资力度以及交通通信的发展参数。能力信息包括科普作用因子、影响范围、信息更新频率、科普内容和网格空间位置等。能力信息主要影响科普媒介对科学素养传播的力度。附图 5 为科普媒介 Agent 的逻辑结构。其中，科普媒介在作用因子表示方式以及计算方式都跟科普设施 Agent 相同。

科普媒介的影响范围同样用距离衡量。由于大多数科普媒介都有很强的地域性,对于所在地周边辐射性较强,距离越远,辐射能力越差,所以采用钟形隶属函数定义。科普媒介 Agent 逻辑结构图,如附图 5 所示。钟形隶属函数的形式为

$$\mathrm{bell}(x,a,b,c)=\frac{1}{1+\left|\dfrac{x-c}{a}\right|^{2b}}$$

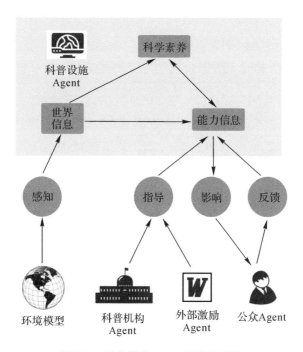

附图 5　科普媒介 Agent 逻辑结构图

通过调整 c 和 a,可以改变隶属函数的中心和宽度;通过调整 b,可以控制交叉点处的斜度。这里,暂定为

$$u(x)=\mathrm{bell}(x;R,2,0)=\frac{1}{1+\left(\dfrac{x}{R}\right)^{4}}$$

式中:R 为辐射半径。

作用因子与距离的关系如附图 6 所示。

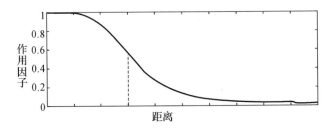

附图 6　科普媒介作用因子与距离的关系图

科普内容主要是指科学素养三要素中的一种或者几种。

科普媒介 Agent 的行为规则：

(1)感知环境模型,获得世界信息,影响科普媒介的能力信息和科学素养传播效率；

(2)接收科普机构 Agent 和外部激励的指导,以及来自公众 A-gent 的反馈,改变能力信息,进而间接影响科学知识的传播,并对科普机构 Agent 进行反馈；

(3)当它被公众 Agent 访问时,按照自己的作用因子和信息更新频率向公众 Agent 提供科学知识；

(4)在媒体更新知识前,公众 Agent 每次访问媒体 Agent 所能获取的科学知识将会逐次减少。

(七)外部激励 Agent

外部激励是湖南省可能采取的科普对策措施,外部激励 Agent 建模政府部门所采取的科普政策措施。目的是能够通过演化预测湖南省可能采取的科普对策措施的效果,将这些科普措施建模成为外部事件,在仿真之前或者在仿真过程中由外部事件激励 Agent 动态加入系统,这些外部事件的执行将会打破系统现有的动态平衡,导致系统从一个状态演化到另一个新的状态。

外部事件主要考虑以下的科普措施:增加科普投入、增加媒体科普宣传投入、提高科普机构的效能、加强科普人才队伍建设、举办科普宣传活动(如科技周、科技日、科技节)、增加科普设施建设等。这些外部事件包括下列参数:类型、发生时间、发生地点、持续时间、科普作用因子等。附图 7 为外部激励 Agent 的逻辑结构图。

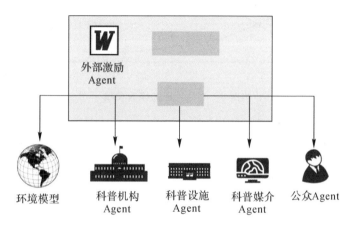

附图 7　外部激励 Agent 逻辑结构图

　　针对不同类型的外部事件,外部事件激励 Agent 将其影响不断作用于相应的公众 Agent、科普机构 Agent 以及媒体 Agent,这样就改变了系统的状态,打破了系统的平衡,导致系统演化到新的状态。当外部事件的持续时间结束后,外部事件激励 Agent 撤销该外部事件,不再继续执行该事件。

　　根据外部事件作用于科普系统的具体模式,可以把外部事件分为以下三种:

　　(1)长期正反馈事件:特点是对公众科学素养具有长期、稳定推动力,如持续增加科普教育投入、科普基础设施建设等;

　　(2)短期正反馈事件:特点是具有短期促进科学素养水平作用,如科普宣传活动、科技事件等;

　　(3)负反馈型事件:特点是降低公众对科学信任程度,如迷信、伪科学、科技负面事件等。附图 8 为事件相应的经验曲线。

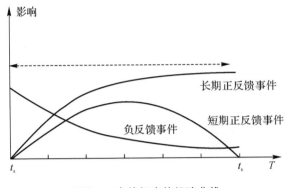

附图8 事件相应的经验曲线

(八)科学素养的计算

科学素养的提高是一个模糊计算过程,采用模糊推理的方法进行处理。我们将组成科学素养的三要素:科学知识、科学方法、科学与社会关系,分别进行模糊推理的方法进行处理,将得到的结果进行汇总,如果一个公众 Agent 同时具有科学素养三要素,那么该公众 Agent 具有科学素养。下面我们以科学素养三要素中科学知识为例进行计算。

根据对公众 Agent 具有的科学知识进行打分,定义模糊集 μ_1 为"具有基本科学知识",它的隶属函数为 f_1;模糊集 μ_2 为"不具有基本科学知识",它的隶属函数为 f_2;同样,对各种提供科学知识的行为,以及各信息途径提供的科学知识也进行打分,定义模糊集 η_1 为"提供科学知识",隶属函数为 g_1;模糊集 η_2 为"提供伪科学知识",隶属函数为 g_2。其中,隶属函数 f_1,f_2,g_1 和 g_2 都采用钟型函数表示,其具体函数定义如下:

$$f_1 = \mathrm{bell}(x;30,2,0) = \frac{1}{1+\left(\dfrac{x}{30}\right)^4}$$

$$f_2(x) = \mathrm{bell}(x;30,2,100) = \frac{1}{1+\left(\dfrac{x-100}{30}\right)^4}$$

$$g_1 = \text{bell}(x;40,2,0) = \frac{1}{1+\left(\dfrac{x}{40}\right)^4}$$

$$g_2(x) = \text{bell}(x;40,2,100) = \frac{1}{1+\left(\dfrac{x-100}{40}\right)^4}$$

附图 9 为 μ_1 与 μ_2 所示科学素养隶属函数示意图，η_1 与 η_2 所示科学知识隶属函数与之类似。

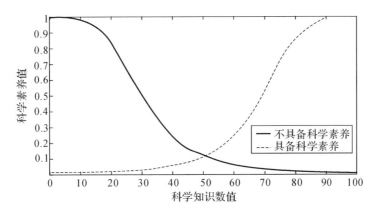

附图 9　科学素养隶属函数曲线图

分别对公众 Agent 的科学知识、各信息途径提供的知识进行打分，取值为 $0\sim100$，科学知识变化的模糊规则：

（1）如果自己的具有基本科学知识，且访问的信息途径提供科学知识，那么

$$h = \max\{0, x+ya\}$$

（2）如果自己的具有基本科学知识，且访问的信息途径提供伪科学知识，那么

$$h = \max\{0, x-(100-y)a\}$$

（3）如果自己的不具有基本科学知识，且访问的信息途径提供科学知识，那么

$$h = \min\{100, x+ya\}$$

(4)如果自己的不具有基本科学知识，且访问的信息途径提供伪科学知识，那么

$$h = \min | 100, x-(100-y)a \}$$

其中，h 为变化后公众 Agent 新接触到的科学知识，x 为原来的科学知识，y 为得到的知识，都用 0～100 之间的浮点数表示，a 为影响公众 Agent 接受科学知识的心智状态等要素。a 值小则代表公众 Agent 对于科学知识的接受能力强，容易接受外界科学知识，否则，代表公众 Agent 对科学知识的接受能力比较弱，难以接受外界科学知识。

设公众 Agent 的当前科学知识量为 s，从 m 个信息途径获取的科学知识量为 t，则推理步骤如下：

(1)分别计算隶属度 $f_1(s)$，$f_2(s)$，$g_1(t)$ 和 $g_2(t)$

(2)计算 $w(1,1)=f_1(s)g_1(t)$，$w(1,2)=f_1(s)g_2(t)$，$w(2,1)=f_2(s)g_1(t)$ 和 $w(2,2)=f_2(s)\times g_2(t)$；

(3)计算 $W=w(1,1)+w(1,2)+w(2,1)+w(2,2)$；

(4)计算 $P_1=\dfrac{w(1,1)}{W}$，$P_2=\dfrac{w(1,2)}{W}$，$P_3=\dfrac{w(2,1)}{W}$，$P_4=\dfrac{w(2,2)}{W}$。

这样 P_i 为执行第 i 条模糊规则的概率，根据次概率可以决定执行哪一条规则来改变公众 Agent 的科学素养水平。

(九)量化处理

假设科普设施 AgentA 含有的科学知识量为 p，公众 Agent B 掌握的科学知识量为 q，则公众 AgentB 在参观或学习完科普设施 Agent A 之后，实际新掌握的科学知识量为

$$\Delta Psl \frac{1}{n}\sum C_i\ C_{\text{interest}}\ C_{\text{comprehend}}\ C_{\text{boudary}}\ \frac{C_{\text{apacity}}}{\text{Num}}[1-\Pi(1-C_j)]$$

其中 ΔPsl 为公众 Agent B 新接收到的科学知识量，它的计算按照上述模糊规则处理，C_i 为不同心智状态属性分别对应的科普作用因子取值，C_{interest} 为兴趣集，$C_{\text{comprehend}}$ 为理解能力，C_{boudary} 为影响范围，取值为 0/1，Capacity 为容量，Num 为影响范围内总人口数，C_j 为世界信

息属性。

假设科普媒介 Agent A 含有的科学知识量为 p,公众 Agent B 掌握的科学知识量为 q,则公众 Agent B 在听过、看过或者交流过科普媒介 Agent A 之后,实际新掌握的科学知识量为:

$$\Delta Psl \frac{1}{n} \sum C_i C_{interest} C_{comprehend} C_{boudary} \left[1 - \Pi(1-C_j) C_{communication} \right]$$

式中:ΔPsl 为公众 Agent B 新接收到的科学知识量,它的计算按照上述模糊规则处理;C_i 为不同心智状态属性分别对应的科普作用因子取值;$C_{inereat}$ 为兴趣集;$C_{comprehend}$ 为理解能力;$C_{boudary}$ 为影响范围;C_j 为世界信息属性;$C_{communication}$ 为交通与通信发展情况。

假设公众 Agent A 含有的科学知识量为 p,公众 Agent B 掌握的科学知识量为 q,公众 Agent A 与公众 Agent B 相邻,而且进行通信,则通信结束之后公众 Agent B 实际新掌握的科学知识量为

$$\frac{1}{n+1} \left(\sum C_i + C_{interest} \right) C_{intercourse} C_{comprehend} C_{boudary} \left[1 - \Pi(1-C_j) \right]$$

式中:ΔPsl 为公众 Agent B 新接收到的科学知识量,它的计算按照上述模糊规则处理;C_i 为不同心智状态属性分别对应的科普作用因子取值;$C_{interest}$ 为兴趣集;$C_{comprehend}$ 为理解能力;$C_{boudary}$ 为影响范围;C_j 为世界信息属性。

(十)演化模型

多智能体仿真的理论基础是复杂自适应系统理论,它的基本观点是"适应性造就复杂性",而适应性体现在系统的演化过程中。在湖南省公众科学素养系统的多智能体仿真模型中,系统演化的动力主要来自两个方面:

(1)系统组成个体之间的信息交流,它促进了组成模型的个体对环境的适应性,具体的实现过程按照量化过程进行计算;

(2)公众 Agent 科学素养的群体演化,它促进了公众 Agent 群体整体的适应性,主要借鉴生物进化中的遗传算法来实现。

在湖南省公众科学素养系统模型中,公众 Agent 的相关属性直接影响它对环境的适应程度,如公众 Agent 对环境的适应能力随年龄、性别、文化程度、经济状态、职业的不同而改变,而当公众 Agent 的科学素养与所处的子区域环境模型的科学素养的差异越大时,公众 A-gent 对环境的适应性也就越差。因此,针对湖南省科学素养趋势预测系统的特点,对小范围的公众 Agent 群体进行演化。演化算法不采用传统的二进制编码,直接使用 Agent 的属性值来进行适应度计算。

适应度由 Agent 的当前状态决定,因此,Agent 的相关属性值将作为适应度函数的变量,它们直接影响 Agent 对环境的适应程度。这些属性有:

(1)性别:分为男性、女性。

(2)年龄:分为青少年、中年、老年。

(3)文化程度:分为高中以下、高中及大专、本科及以上。

(4)经济状态:分为贫困、温饱、小康及以上三种。

(5)职业:分为体力劳动、脑力劳动。

本系统模型中的适应度函数定义如下:

$$\text{fitness} = \frac{\sum_{i=0}^{11}(C_i \, \text{attribute}_i)}{g \mid \text{level}_{\text{environment}} - \text{level}_{\text{agent}} \mid}$$

式中:attribute_i 分别按照上述属性对公众 Agent 科学素养的贡献赋值为 $0 \sim 1$ 之间的实数;$\text{level}_{\text{agent}}$ 为公众 Agent 的科学素养水平;$\text{level}_{\text{environment}}$ 为公众 Agent 群体的平均科学素养水平;C_i 为常数。为了便于计算,所有的属性都用实数来表示。

基于这种考虑,变异与选择类似,由于编码方式的特殊性,因此将遗传算法中 $1-1 \to 0$ 或 $0 \to 1$ 的变异方式改为对属性取值的改变,根据变异率决定变异 Agent 个体,并随机选取变异属性,在被选取属性的取值范围内随机选取新的属性值完成变异。本系统中将交叉概率 P_c 设为 0.7,将变异概率 P_m 设为 0.01。

四、湖南省科学素养的复杂系统仿真实现

根据湖南省科学素养趋势研究建模的需求,在国防科学技术大学计算机学院研发的复杂系统分布仿真平台 JC_{ass} 下,利用 Java 编程语言,开发了"湖南公众科学素养趋势预测与对策研究仿真系统"。

(一)系统验证

目前已公布的湖南省最新最全面的公众科学素养数据是湖南省第二次公众科学素养调查报告中公布的 2007 年 12 月湖南省公众科学素养数据,以及全国第八次、湖南省第三次公众科学素养调查报告中公布的 2010 年 12 月湖南省公众科学素养数据。因此,为了验证湖南省公众科学素养系统的正确性,首先以 2007 年 12 月的湖南省公众科学素养数据为初始状态数据,建模 2007 年 12 月至 2011 年 9 月期间的各项科普媒介、科普机构、科普设施,模拟湖南省公众科学素养趋势。仿真的时间起点是 2008 年 1 月,终点是 2012 年 12 月。

附图 10 为验证性仿真实验结果。

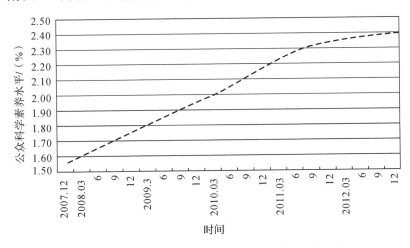

附图 10　2008—2012 年湖南省公众科学素养趋势仿真结果

根据目前已知的数据,湖南省 2007 年 12 月公众科学素养数值为 1.55%,2010 年 12 月公众科学素养调查结果为 2.2%.而通过系统仿真得出的结果是,2010 年 12 月湖南省公众科学素养为 2.17%,基本近

似真实数据。因此,该系统模型是有效而科学的。

(二)系统初始化

为了更好地进行预测分析,本系统以湖南省第二次公众科学素养调查结果中给出的 2010 年 12 月湖南省公众科学素养数据为初始数据。但是,由于调查数据只有全省的概略数据,没有较细的 14 个市(州)的统计数据,为此使用层次模型,选择性别比例、城乡人口比例、文化程度、职业、经济实力五个准则对湖

南各市(州)情况进行评估。

根据该层次分析模型和相关的统计数据得到以下公式:

$$\mathrm{SL}_j = \frac{\overline{\mathrm{SL}} \times \mathrm{TotalPoP}}{\sum(W_i \times \mathrm{PoP}_i)} \times W_i$$

式中:SL_j——湖南省各市(州)的科学素养水平;

$\overline{\mathrm{SL}}$——湖南省全省平均水平;

$\mathrm{TotalPoP}$——湖南省全省总人口数;

PoP_j——湖南省各市(州)人口数;

W_i——湖南省各市(州)排序权重。

计算得到的评估结果见附表 1。

附表 1　2010 年湖南省各市(州)科学素养水平评估结果

市(州)	科学素养水平/%	市(州)	科学素养水平/%
长沙	3.638 6	张家界	1.667 9
株洲	3.029	益阳	2.335 6
湘潭	2.781	郴州	1.826 8
衡阳	2.208	永州	1.677 8
邵阳	1.670 8	怀化	1.586 2
岳阳	2.809 8	娄底	1.786 7
常德	1.990 1	湘西	1.513 5

根据湖南人口、科普机构和科普媒介的分布,将公众、科普机构和科普媒介等三类 Agent 模型实例化为具有不同属性值的实例 Agent。其中公

众 Agent 有 6 568 个,科普设施 Agent 327 个,科普媒介 Agent 7 886 个,科普机构 Agent 32 个。

(三)发展趋势预测的仿真结果

系统初始化后,以现有的湖南省公众科学素养水平、人口状况、科普机构分布和科普媒介与科普设施数量及分布作为现状,对以下几种情况进行了仿真,并给出了仿真结果。附图 11 显示的是维持现有的人力物力投入、保持现有科普机构和科普媒介正常运转的情况下,全省及各市(州)的公众科学素养水平状况的发展状况。

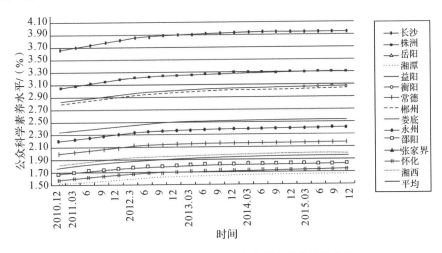

附图 11　湖南省各市(州)公众科学素养发展趋势图

从附图 11 中可以看出,在维持现有的人力物力投入、保持现有科普机构和科普媒介正常运转的情况下,在头四年内(即 2011 年 1 月—2014 年 12 月)全省公众的科学素养水平保持缓慢增长,以后这些投入只能基本维持公众科学素养的现有水平。从该图中还可以看出,在维持 2010 年的现有投入的条件下到 2015 年,公众基本科学素养只能提高 0.2%,达到 2.4%,在以后也就基本维持这一水平。因此,全省公众科学素养水平要想提高还需要进一步的投入。

五、科普发展对策研究及其效果分析

2003 年,湖南省公众具备科学素养的比例为 1.41%,低于全国公

众具有科学素养比例的平均水平 1.98％。2010 年湖南省公众具备科学素养的比例为 2.2％,远低于全国公众具有科学素养比例的平均水平 3.27％,根据国家政策要求,到 2015 年全国公民科学素养平均水平不得低于 3.5％,而通过复杂系统仿真对公众科普素养的趋势预测,按照目前的科普投入、场地规模、媒体作用和科普活动水平,经过五年发展到 2015 年底,湖南省的公众素养只增长了 0.6％,达到 2.4％,远落后于全国公众科学素养规划的水平,因此迫切需要研究对策。

为了能够更好地对湖南省公众科学素养建设进行指导,使得在最短的时间内能够利用有限资源、运用政策,有效地提升科学素养,按期顺利完成公众科学素养规划水平,我们可以通过复杂系统的计算机仿真,在湖南省科普素养趋势预测的基础上进行对策研究,可以获得如下合理、可信的结果,供决策参考。

(一)科普投资对策对公众科学素养的影响

增加科普发展的投入是我们最先能够想到的,也是提高湖南省公众科学素养水平最根本、最有效的方法。当我们在现有的科普发展投入基础上,每年分别增加 5％,10％,15％时,湖南省未来五年科学素养情况如附图 12 所示。

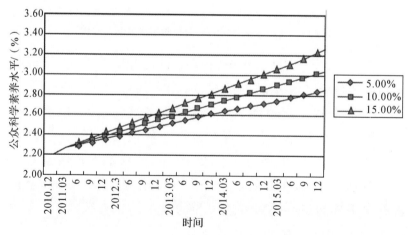

附图 12　增加科普投入时湖南省科学素养变化情况

由此可以看出,如果湖南省科普投入在现有的基础上,每年增加15％时,到 2015 年时可以达到 3.5％,刚好满足全国规划的要求。而且随着科普投入的增加,科学素养的增加能够一直维持一种积极稳定的提高状态,科普投入越多,科学素养的增加就越明显。但是,投资只是发展科普、提高公众科学素养水平的基础和前提,必须同时采取有效措施,保障投入和产出的效率。

(二)科普设施发展对策对公众科学素养的影响

科普设施是获得科普知识的重要途径,因此增加科普设施建设能够很好地提高科学素养水平。当我们在现有的科普设施数量和效率基础上,每年分别增加 2.5％,5％,7.5％时,湖南省未来五年科学素养情况如附图 13 所示。

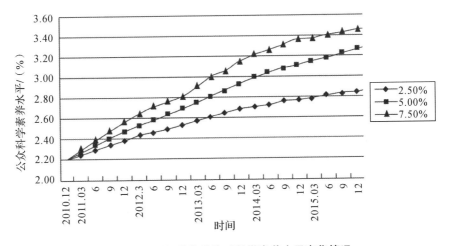

附图 13　增加科普设施时科学素养水平变化情况

由此可以看出,在湖南省现有科普设施数量和效率的基础上,增加科普设施数量时,湖南省科学素养水平会不断提高。但是当科普设施数量的增加达到7.5％时,初期能够达到很好地提高科学素养的目的,但是随着时间推移,科学素养的提升效果会慢慢变小。这是因为过多的科普设施资源由于重复和不能更加有效利用,会使得效果变得不再明显。因此,5年内每年增加5％的科普设施,可以保障在2015年湖南科学素养水平达到要求,并且设施的建设要突出特色性和吸引力,不能千篇一律地复制。

(三)科普媒介发展对策对公众科学素养的影响

现有的科普媒介有图书、报纸、期刊、宣传栏、电视、广播、科普网站等,在现有科普媒介影响力的基础上,增加科普媒介数量有助于提高科学素养水平。但是到底哪种科普媒介的效果更好呢? 以当前各媒体的平均作用因子为基础,假设每年投资100万元到各个不同的科普媒介中,增加相应数量的不同科普媒介时,湖南省科学素养水平变化情况如附图14所示。

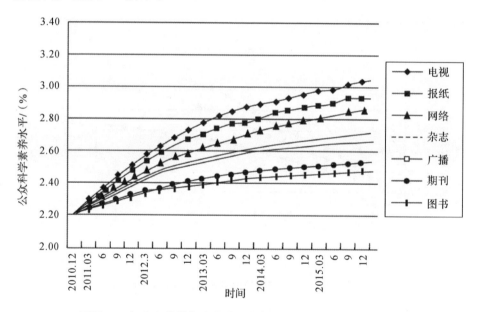

附图 14　加大有效媒体建设时湖南省公众科学素养发展趋势图

由此可以看出,增加相同数量的不同科普媒介时,电视增加的科学素养水平最明显,其次是报纸,再次是网络,最后才是杂志、广播、科技期刊、图书。因此,在未来的一段时间里,可以把更多的资金应用到电视、报纸和网络媒体上面。

　　但是,随着网络媒体作用的日益增加,网络媒体在科普中的作用日益明显。为此,我们以 2010 年网络媒体的作用因子为基础,假设网络媒体影响力逐年增加 5％,每年对网络媒体投入 100 万元,则湖南省公众科学素养的变化情况如附图 15 所示。

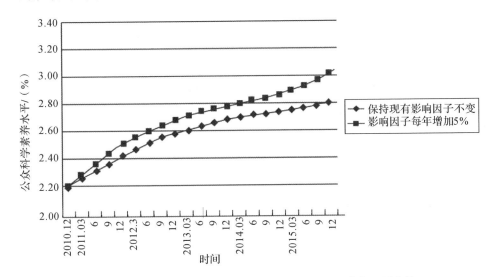

附图 15　湖南省公众科学素养随网络媒体影响因子变化预测曲线

　　由此可以看出,随着网络媒体的影响力逐渐增加,保持现有对网络媒体的投资力度,到 2015 年湖南省公众科学素养增加的幅度会超出我们现在的保守预期。因此,可以逐步增加对网络媒体的投资。

(四)其他途径

　　除了上述三种增加科学素养水平的途径之外,我们还可以采用增加科普人才、增加科普活动、增加科技相关的公共事务、提高科普机构效率等其他途径实现目标。

(五)层次性措施

　　比较湖南省公众科学素养分层调查结果:2010 年湖南省城镇居民具备科学素养的比例为 3.6％,农村居民为 1.3％;男性公民具备科学素养比例为 2.4％,女性公民为 2.0％;18～39 岁年龄段公民具备科学素养比例为 3.8%,40~54 岁为 1.6%,55 岁以上为 0;大学专科以上文化程度公民具备科学素养比例为9.0%,高中(中专、技校)为 2.7%,初中及以下不足 1%。

由此可以看出,湖南省科普发展工作要有层次、要有重点、要有针对性。通过对湖南省各市(州)公众科学素养趋势的整体预测,各地区的发展水平相差很大,大致可以分为三个层次,即高于全省平均水平的有长沙、株洲、岳阳和湘潭;与全省平均水平相当的有益阳、衡阳;低于全省平均水平的有常德、张家界、湘西和怀化。根据不同市(州)的性别比例、城市化程度、文化程度、职业结构、经济实力等不同情况,可以采取相应的措施。

(六)分析与小结

为验证对湖南省公众科学素养进行有效的预测和指导,本节采用多智能体仿真的方式对湖南省公众科学素养系统进行建模,利用 Advanced JCass 复杂系统分布仿真平台仿真实现。①分析了公众科学素养趋势预测与对策研究是典型的复杂性问题,指出了现有研究方法存在的不足;②提出了考虑时空结构和外部事件的复杂系统整体性建模的方法,给出了整体性建模与仿真的基本步骤;③对湖南省科普系统做了整体性建模,具体给出了该系统中的环境模型、各种 Agent 模型和对策模型,并且在分析外部事件对整体性影响的基础上给出了外部事件建模方法;④根据真实系统数据进行仿真初始化并运行,给出了仿真结果及其评价。

附录 2　复杂系统综合仿真平台的软件体系结构研究

复杂系统是由相互作用的元素构成的,能够呈现"涌现性(emergent)"的系统,人类对它的认识还存在不足,还在不断的深入发展中。目前,计算机系统仿真是复杂系统研究中主要的科学研究方法和实验工具,作为复杂系统仿真应用的底层支撑,复杂系统仿真平台的需求也越来越迫切。

复杂系统仿真平台的意义和作用主要体现以下两个方面:①加快复杂系统仿真应用的开发速度,通常情况下,复杂系统的计算机仿真软件非常复杂,开发人员不仅需要相应的领域知识,还要具有专业的计算机软件开发知识和技术,这对于各个应用领域的复杂系统研究人员来说,是非常困难的,建立复杂系统仿真平台,可以向应用领域专家提供高层的、友好的开发接口,以及一些通用的仿真构件,如时间推进、消息通信等,从而加快仿真应用的开发速度,降低对领域专家计算机软件技术水平的要求;②提高模型的可重用性,将他人开发的复杂系统仿真模型修改为自己所需的复杂系统模型,具有较大的难度;同时,独立开发的仿真模型之间,也难以实现模型之间的重用,而在同一个复杂系统仿真平台上开发的仿真模型,具有相同的数据接口,可以在不同的仿真应用之间实现模型的重用。

领域特定的软件体系结构(Domain-Specifc Sofware Architectures,DSSA)是软件体系结构的一个重要研究方向,基于 DSSA 软件开发的研究符合实际工程需要,具有非常重要的实用价值,本书通过对复杂系统分布仿真应用的分析,提出基于整体论的复杂系统综合仿真平台的新概念,并分析总结了平台需要,然后,在对领域知识进行抽象的基础上,对复杂系统综合仿真平台的软件体系结构进行了设计,以解决开发复杂系统综合仿真平台和复杂系统仿真应用面临的复杂性、可重用性、可维护性和可扩展性的需求。

一、复杂系统及复杂系统仿真

现代系统研究的开创者贝塔朗菲(Luduig von Bertalanfy)根据系统自身的表征,将系统定义为"相互作用的多元素(组成部分)组成的复合体",我国科学家将系统定义为由相互制约的各个组成部分形成的具有一定功能的整体,复杂系统与一般系统的主要差别在于系统的整体性。西蒙指出:"已知系统组成部分的性质和它们之间的规律,也很难把系统整体的性质推断出来。"系统科学把复杂系统整体才具有的,而孤立的系统组成部分(元素)及其总和不具备的特性,称为整体的涌现性(Whole Emergence)。

因此,研究复杂系统不可能也不应该采用传统的笛卡儿(R. Descartes)还原论方法(Reductionism)。还原论方法的基本思想是将整体分解为部分去研究,并认为部分弄清楚了,整体也就迎刃而解了,建立在还原论基础上的系统仿真工具,不具备分析复杂系统整体涌现性的能力,不是复杂系统的仿真工具。

以复杂适应系统(Complex Adaptive System,CAS)理论为理论基础的复杂系统研究方法,是一种不同于还原论方法的自底向上的研究方法,复杂系统理论是霍兰德(HolandJohn)于 1994 年在圣塔菲研究院(Santa Fe Institute,SFI)成立十周年时提出的,之后,复杂适应系统迅速引起学界关注,它被尝试用于观测和研究各种不同领域的复杂系统,成为当代系统科学引人注目的一个热点。

复杂适应系统理论的基本思想:CAS 的复杂性来源于其中个体的适应性;正是这些个体与环境及其他个体的相互作用,不断改变着它们的自身,同时也改变着环境;整个 CAS 的演化和发展变化就是以这样的机制为基础的。

在系统仿真与建模方面,复杂适应系统的 Muli-Agent 体系和基于 Agent 的建模仿真方法学,被认为是指导系统建模与仿真的强有力的武器。

二、复杂系统的整体性

复杂系统的关联性十分复杂,研究某一个具体的复杂系统总是有界限的,要抓住对象复杂系统内部的关键元素,以及元素之间相对紧密的,主要的联系,可以将对象复杂系统之外的一切与它相关联的事物所构成的集合,定义为该复杂系统的环境(Environment),记为 E_s。更确切的说,E 指的是该复杂系统 S 以外的,与 S 具有不可忽略联系的事物集合,可以通过形式化的方法描述为:

$$E_s = \{x \mid x \notin S \text{ 且与 } S \text{ 有不可忽略的联系}\}$$

同时可以把人们能够考察到的,复杂系统有形或者无形的范围称为该复杂系统的边界(Boundary),复杂系统与环境通过边界发生相互关联,相互作用。同理,对于复杂系统组成的元素而言,相对的是复杂系统内部的小系统,它与复杂系统其他元素的关联,可以看作与复杂系统内部环境的相互作用和影响。

假设复杂系统 S 中,所有元素的集合为 $A=\{A_1,A_2,\cdots,A_n\}$,它们之间的所有关联的集合为 $R=\{R_1,R_2,\cdots,R_n\}$,则该复杂系统简单的形式化表达式为

$$S=<A,R>$$

附图 16 中给出了复杂系统的逻辑框图。

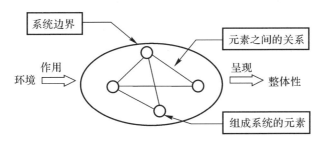

附图 16　复杂系统的逻辑框图

复杂系统呈现的各种特性之间的相互关系,可以通过系统的整体性及其外部事件来描述。

有学者认为,复杂系统整体性在没有外部激励的条件下,取决于系统组成的元素,元素之间的环境(运行主体,结构)以及它们的适应或者演化方式和参数,对于确定的复杂系统,其适应和演化是一定的,变化的主要是参数。因此,封闭的复杂系统整体性的表达式为

$$\text{System\_whole}|_{\text{closeness}}=(\text{Agents},\text{Environment}_{\text{interal}},\text{Varables})$$
$$=(\text{Agents},\text{Time/SpaceStructure},\text{Varables})$$

考虑到外部不可忽略的激励影响,就是对系统诸元素、内部环境(时空结构)以及参数的修改,复杂系统整体性表达式可修正如下:

$$\text{System\_whole}|_{\text{closeness}}=(\text{Agents},\text{Time/SpaceStructure},$$
$$\text{Varables})|_{x_t(t_1),\cdots,x_n(t_n)}$$

式中:$X_i(t_i)$——t_i 时刻出现的外部事件。

整体性涌现实际上是内部的突发事件,造成复杂系统整体性发生质的变化,即

$$System\_whole|_{E0mergence} = (Agents, Time/SpaceStructure,$$
$$Varables)|y_t(t_1), \cdots, y_n(t_n)$$

式中：$y_t(t_1)$——t_1 时刻出现的涌现。

三、国内外复杂系统仿真平台的分析

随着复杂系统/复杂性研究的不断深化，计算机系统仿真在复杂系统领域应用中取得了长足的进步，出现了许多应用于研究复杂系统的仿真平台。早期著名的平台有美国桑塔菲研究所的 Swarm 平台，美国 Massachuset 大学的基于 Agent 的分布仿真平台 Fram，加拿大 Manitoba 大学智能 Agent 实验室开发的 DGensim 仿真平台，美国 Carnegie Mellon 大学的仿真中间件平台 MPADES。21 世纪以来，又有许多典型的复杂系统仿真平台出现，诸如美国伊利诺伊斯大学的 MACE3J，美国 Carnegie Mellon 大学与乔治理工大学开发的 SPADES，美国圣母大学的 SWAGE 等。国内也在上述平台的基础上研制了多个复杂系统仿真平台，例如中国科学院计算所开发 MAGE，国防大学的战争实验室以及国防科技大学计算机学院研制的 JCass 平台等。

由于研究复杂系统目标和内容的不同，研究所使用的计算平台有单机，分布与并行计算机群和网络/网格计算机系统等。按其仿真复杂系统的不同需求来看，仿真平台的功能有一定的差别，归纳起来有以下几种：

（1）研究复杂系统元素随时间变化与适应的简单仿真平台；

（2）研究复杂系统群体演化和发展趋势的复杂系统仿真平台；

（3）研究复杂系统涌现和危机（异变）的仿真平台；

（4）研究复杂系统外部事件激励和对策的仿真平台；

（5）研究复杂系统演化、协同、涌现、外部事件的综合仿真平台，它可以实现趋势预测，协同决策，危机处理，对策研究等多种功能。

通过对国内外复杂系统仿真平台的建模和体系结构分析，可将这些平台大致区分为以下 3 类。

(一)最典型的复杂系统仿真平台—美国桑塔菲研究所的 Swarm 平台

Swarm 顾名思义就是许多元素(系统组成部分)的群体。Swarm 是由桑塔菲研究所的 Chris Langton 领导开发的多 Agent 复杂系统仿真平台,运行在单机上,它的体系结构和逻辑结构如附图 17 所示。

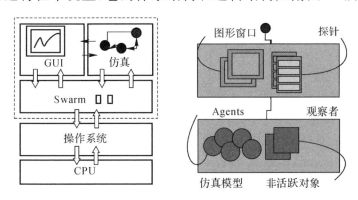

附图 17　Swarm 的体系结构与逻辑结构图

(二)基于复杂自适应系统(CAS)理论的多主体(Agent)仿真平台

CAS 理论的核心是强调个体的主动性,承认个体有其自身的目标、取向,能够在与环境的交流和相互作用中有目标,有方向地注意自己的行为方式、结构,达到适应环境的合理状态。基于多 Agent 的复杂系统仿真平台是目前国内外研究复杂系统复杂性的主流工具,下面以中科院计算所的 MAGE 为例来简单介绍这类仿真平台的组成。

MAGE 的主体结构由 6 个模块组成,包括基本功能块(Basic capabilities)、感知器(Sensor),通信器(Communicator)、功能模块接口(Function modules)、主体知识库(Knowledge base)和主体内核(Kernel)。主体的生命过程分为以下 5 个步骤:

(1)主体根据特定的类来创建,进入初始状态,表示其生命开始;

(2)主体通过调用,进入活动状态,可执行其基本任务和功能;

(3)当系统需要暂停时,将其挂起,它由命令恢复;

(4)当执行条件不满足时,该主体处于等待状态;

(5)主体允许迁移或者退出。

附图 18 中给出了 MAGE 主体平台的系统结构，它的复杂系统仿真是通过主体管理系统和目录主体来控制系统元素主体的主动性来实现的。

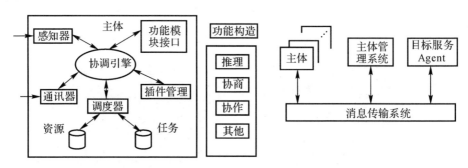

附图 18　MAGE 主体体系结构与主题平台体系结构

(三)基于复杂系统整体性的主体仿真平台

复杂系统的主要特征是它的整体性，所以，复杂系统仿真的重点应该是复杂系统的环境，它是在复杂系统组成部分(元素)主动自适应基础上进一步深化，强调环境的演化、涌现及其控制，基于复杂系统整体性的主体仿真平台是当前研究复杂系统仿真平台的热点和焦点，这一方面的技术和材料比较笼统，不够成熟，例如美国 Carnegie Mellon 大学的仿真中间件平台 SPADES，再例如 2005 年研制成功的基于集合论的形式化智能体并行模型 SWAGE。它们的结构在形态上都是将复杂系统内部环境作为一个单独的集中控制的节点来处理，具体有环境建模和演化，仿真控制引擎等，其他远程节点包括了元素建模与自主适应，通信服务等，如附图 19 所示。

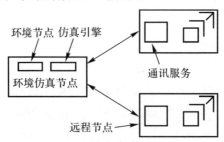

附图 19　基于整体论的主体仿真平台框图

通过对国内外现有的复杂系统仿真平台的功能和体系结构分析，可以得到如下结论：

（1）经典的 Swarm 平台，虽然开创了复杂系统计算机仿真平台的先河，但技术上不够先进。

（2）基于多主体自适应复杂系统平台，虽然建筑在自适应理论基础上，并借助了多 Agent 技术，目前形成了主流，但过分地突出了元素的适应，淡化了系统整体性的演化和分析，在复杂系统仿真的功能上存在缺陷。

基于整体论的主体复杂系统仿真平台，它从系统环境演化和元素自主适应两个方面较好地体现了复杂系统仿真所需的功能，即从局部（元素）到全局（环境），又从全局（环境）到局部（元素）。毫无疑问，这是目前研究复杂系统仿真平台的趋势和方向。

四、基于整体论的综合仿真平台的参考需求

基于整体论的复杂系统综合仿真平台，是能够方便地反映复杂系统所有的特性的平台，包括多元性、交互性、自主性、整体性、演化性、涌现性和外部激励，能够有机地实现复杂系统元素的自主适应，环境的演化，环境对元素的影响，涌现的处理，外部激励等仿真功能，它是全面建筑在复杂系统整体论基础上的，采用局部到整体，再从整体到局部的仿真方法。

复杂系统综合仿真平台应具有的分析复杂系统主要特征的能力如下：

（1）多元性。系统是多元的，它由若干组成部分（成为元素）构成，组成部分存在着多样性和差异性，系统是多样性和差异性的复合，多样性和差异性是系统"生命力的重要源泉"；

（2）自主性。多元的系统组成部分，具有相对独立性，并根据自身的环境变化，作出各自适应性的演化；

（3）交互性。系统不存在与其他元素孤立的元素，所有的组成部分按照系统特有的方式彼此关联在一起，相互依存，相互激励，相互补充和制约，系统的相关性也是系统"生命力的源泉"

（4）整体性。系统汇集所有的组成部分以及它们所有的关联形成

系统的整体,具有整体的结构特性和行为的功能,整体性包括了整体的形态,整体的行为,整体的状态,整体的功能等;

(5)演化性。演化是指系统的结构(元素及其关联)、状态、特性、行为和功能等随着时间的推移而发生变化,演化可以有规律可循,也可以是无规则可循,演化从元素开始,逐步推演到局部,再到全局。演化的结果反过来影响元素的进一步演化,系统演化同样是系统"生命力"的动力

(6)涌现性。涌现是系统演化的高级形态,是演化的奇异点,它的整体性已经脱离了原系统局部的综合,形成了一个新的系统,这是系统革命性的,质的变化,

(7)外部激励。系统边界以外的外部因素(元素)虽然与系统内部的元素关联比较松散,并且也不持久,但不可忽略。一旦外部因素发生变化,将会直接彬响系统的元素,关联和整体性。

具体的复杂系统综合仿真平台流程图如附图 20 所示。

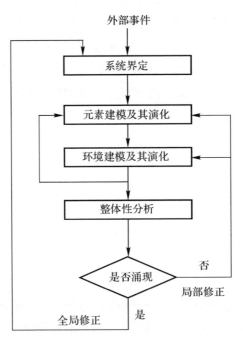

附图 20　基于整体论的复杂系统仿真平台仿真流程图

以上流程主要分为 4 个步骤,即

(1)界定复杂系统的对象,划分系统的组成、边界、内部环境和外部事件;

(2)系统建模:元素建模,环境建模;

(3)演化计算:元素演化,整体演化;

(4)整体性分析。

考虑到复杂系统的复杂性,其组成元素多种多样,环境具有层次结构,多个局部环境形成系统全局环境,可以采用集中分布的方式来处理,集中处理机处理整体环境,整体分析,同步时钟控制和状态/数据交互,分散的处理机处理局部环境及其包含的元素适应和演化,层次结构的基于整体论的复杂系统综合分布仿真平台应能处理如附图 21 所示的分布仿真逻辑。

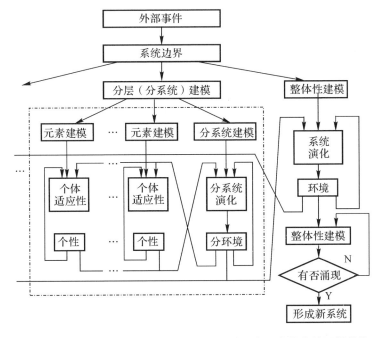

附图 21　层次结构的基于整体论的复杂系统综合分布仿真的逻辑结构

五、综合仿真平台参考体系结构

通过前面的分析,可以给出一个基于分层体系结构的平台架构,如附图22所示。这种分层结构的平台构架体现了复杂系统仿真的要求，方便仿真应用的设计与开发，同时也便于平台的开发生产。

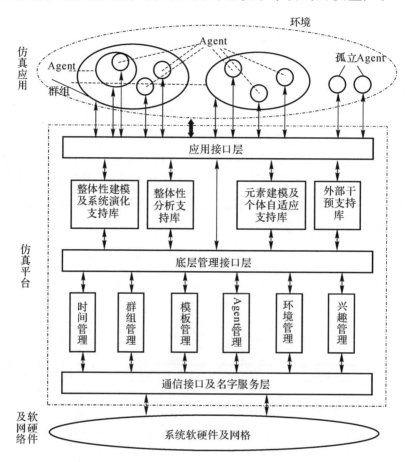

附图22　基于整体论的复杂系统综合仿真平台参考体系结构

该平台体系结构分为3层：

（1）最底层是"通信接口与名字服务层"，这一层主要为上层的管理服务提供通信接口和名字服务。屏蔽底层通信网，系统软硬件以及中间件等，使得仿真管理服务专注于本身的逻辑和算法。

（2）中间层是"底层管理接口层"该层将仿真管理服务进行封装，对上层提供统一的服务接口，它封装的管理服务包括：时间管理、群组管理、模板管理、Agent管理、环境管理和兴趣管理。

（3）最上层是"应用接口层"这一层是直接面向用户,通过提供支持库为仿真应用开发提供有力支持,这些支持库主要包括整体性建模及系统演化支持库、整体性分析支持库、元素建模及个体自适应支持库、外部干预支持库等。

如同 HLA(High Lever Architecture)一样,这些接口可以通过一定的程序进行标准化,可以成为通用的复杂系统分布仿真平台接口标准。

（一）仿真管理模块功能

时间管理主要提供控制各仿真实体在仿真时间轴上的推进,主要任务是使仿真世界中事件发生的顺序与真实世界中事件发生的顺序一致。

群组管理指群组的创建、注册、动态控制、修改和删除等。

Agent 管理处理 Agent 的注册、发现、修改、删除等事务。

模板管理对复杂系统的适应,演化和涌现机制提供支持,即写入新的 Agent,群组和规则模型,删除旧的 Agent,群组和规则模型等动态的模型管理。

环境管理对分布环境提供支持,保证分布环境的一致性,为仿真实体感知环境,影响环境提供作用接口。

兴趣管理依据分布仿真中的"局部性原理",采用数据匹配与分发技术,减少分布仿真中无关数据的传输。

（二）分布环境的共享和时间推进机制

复杂系统中的环境作为个体和群组的活动场所,是一个共享的信息物理空间,但是对于个体或组织而言它们的环境又是具有局部性的,在复杂系统仿真中,需要体现环境的这些特点,同时可以利用这种局部性,对环境进行分布,减少单个仿真结点的计算和通信量,消除仿真瓶颈,提高仿真效率。

因此,复杂系统分布仿真平台中支持环境分布仿真具有重大意义,分布环境的共享也成为平台设计的关键技术之一。

为了解决环境共享与分布仿真之间的矛盾,在 EPSRC 资助的

PDES-MAS 项目中,共享的环境状态存放在 CLP(Communication Logical Process)维护的,可被全局访问的共享变量中,当 LP(Logical Process)需要访问这些共享的环境状态时,通过向 CLP 发送请求来访问这些共享变量:

时间管理是分布仿真的必然要求,在理想情况下,模型计算和消息传递引起的时延等于实际系统中相应的时延,但在分布环境下,这两者是不一致的,这将导致仿真世界的运行以不希望的方式偏离真实世界。引起逻辑错误,如因果颠倒等,并且由于网络延时具有一定的随机性,在没有其他服务的支持下,Agent 等实体接收消息的顺序也常常不确定,这样则导致产生另外一个问题:相同的初始状态和外部输入,重复实验产生不同的仿真结果。使得仿真结果的不可信和仿真实验的不可重复,这些都与仿真的初衷相悖。

时间管理的目标是要减少上述偏差的产生或降低此类偏差带来的不良形响,主要任务是使仿真世界中事件发生的顺序与真实世界中事件发生的顺序一致,保证各仿真实体能以同样的顺序观测到事件的发生,并能协调他们之间相关的活动。

在时间管理机制中,主要有三类:保守时间推进,乐观时间推进,层次时间推进,在保守机制中,当仿真进程处理时戳为 t 的事件时,必须保证本进程不会接收到时小于 t 的新事件,保守机制中如何进行同步和避免死锁是主要研究的问题,在乐观机制中,LP 可以处理任何到达的事件,当出现因果冲突时,采用基于检查点的卷回机制来恢复时戳顺序,时间推进的核心是计算每个 LP 可推进到的安全逻辑时间,层次时间推进通过局部和全局两个层次的计算得到这个逻辑时间。

(三)元素建模及个体自适应支持库

这一支持库为用户仿真应用中的 Agent 个体及其行为建模提供支持,该库给出通用的 Agent 模型和自适应学习算法。

从已有的研究来看,Agent 模型大体可以分为应变型、慎思型和复合型三大类型,在仿真平台中,需要对这些 Agent 模型提供支持。

应变型 Agent 是一类比较简单的 Agent,它并不基于历史状态来决定行为,而完全基于现状做出决策。相对来说,慎思型 Agent 较为复杂,有状态 Agent,信念—愿望—意向(BDI)Agent,过程推理系统(PRS)都是慎思型 Agent。将应变型主体与认知型主体结合起来,以便能够处理不同类型的行为,就产生了复合型主体。

像 Colombeti 与 Dorigo 所划分的那样,与 Agent 相关的两种适应是进化适应和个体适应。而个体适应是学习的结果,学习是 Agent 适应环境的一种策略,通过和环境进行交互的经验,Agent 能够把环境的某些方面综合到其内部状态之中从而形成自身对具体行为应用的认识。

在 Agent 学习方面,也有很多的研究,仿真平台支持库中可以根据需要,给以相应得支持,这些学习策略和算法包括决策树学习、人工神经网络、贝叶斯学习、基于实例的学习、分析学习和增强学习等。

(四)整体性建模、系统演化及整体性分析支持库

复杂系统整体性模型是在系统宏观规律认识的基础上对系统的宏观描述,它可以利用传统的宏观分析方法来分析复杂系统,提供宏观模型,但同时需要与自底向上的基于 Agent 的建模与仿真方法结合起来,通过个体自适应,系统演化和整体性分析,来验证模型的正确性,修改整体性模型,整体性建模及系统演化支持库和整体性分析支持库就是要实现这种功能。

与 Agent 相关的两种适应中,进化适应关注的是物种通过进化适应环境条件的方式,进化是"一个选择性繁殖与替换的过程",它依赖与分布式个体群的存在,是一个种群宏观的整体性行为。

关于演化算法,国内外研究的比较多,在复杂系统整体性建模仿真中,也经常会引进系统的演化模型,通过个体自适应和系统的宏观演化的双重适应演化过程,预测复杂系统的发展,再现系统整体演进趋势,在复杂系统仿真平台中,实现整体性建模和系统演化支持库,可以为用户对复杂系统整体性建模提供有力支持。复杂系统整体性分析,是判断系统是否涌现出新的结构,产生新的整体特征,平台架构中整体性分析支持库,可以为用户系统分析提供帮助。

附录 3 笔者的科研成果

一、笔者发表的期刊论文

1. 金士尧,任传俊,黄红兵.复杂系统涌现与基于整体论的多智能体分析.计算机工程与科学,2010(3):1-7.

2. 金士尧,黄红兵,任传俊.基于复杂性科学基本概念的 MAS 涌现性量化研究.计算机学报,2010(3):1-7.

3. 金士尧、黄红兵,范高俊.面向涌现的多 Agent 系统研究及其进展.计算机学报,2008,31(6):881-895.

4. 金士尧、黄红兵、李宝.基于复杂系统整体论的多主体仿真平台体系结构研究.计算机研究与发展,2006(增刊):302-307.

5. 金士尧,吴集,叶超群.基于复杂系统的公众科学素养仿真及对策研究.系统仿真学报,2006(12):3498-3502.

6. 金士尧,叶超群,吴集,复杂系统仿真:湖南省公众科学素养趋势预测与对策研究.中国工程科学,2006(10):54-59.

7. 金士尧,程志全,党岗,等.天网综合仿真和演示验证系统.系统仿真学报,2005,17(3):513-517.

8. 金士尧,宾雪莲,杨玉海.基于多分辨率模型实时调度方法.计算机工程与科学,2004,6(7):1-4.

9. 金士尧,党岗,李宏亮,等.复杂系统计算机仿真的研究与设计.中国工程科学,2002,4(4):52-57.

10. 金士尧,党岗,凌云翔,等.银河高性能分布仿真系统的设计与实现.计算机研究与发展,2001,38(4):458-466.

二、笔者发表的会议论文

1. 金士尧,黄红兵,任传俊,等.多 Agent 系统涌现性分析:概念、框架和方法.中国计算机大会,2009:128-145.

2. 金士尧,任传俊,黄红兵.复杂网络中查找社团结构的归并简化算法.中国计算机大会,2008:558-565.

参 考 文 献

[1] VON BERTALANFFY L. General system theory：foundations，
development，applications[M]. New York：Georges Braziller，
Inc. ,1993.

[2] 许国志. 系统科学[M].上海：上海科技教育出版社,2000.

[3] 司马贺. 人工科学[M].上海：上海科技教育出版社,2004.

[4] 雷内.结构稳定性与形态发生学[M].成都：四川教育出版社，
1992.

[5] 钱学森,于景元,戴汝为.一个科学新领域：开放复杂巨系统及其
方法论[J].自然杂志,1990,13(1)：3－10.

[6] 邓宏钟.基于多智能体的整体建模仿真方法及其应用研究[D].
长沙：中国人民解放军国防科技大学,2002.

[7] KITANO H. Systems biology：a brief overview[J]. Science，
2002，295(5560)：1662－1664.

[8] 蒋太交,薛艳红,徐涛.系统生物学：生命科学的新领域[J].生物
化学与生物物理进展,2004,31(11)：957－964.

[9] 周甍.复杂系统分布仿真平台中 Agent 建模技术的研究与实现
[D].长沙：中国人民解放军国防科技大学,2003.

[10] 贝塔朗菲.一般系统论：基础、发展和应用[M].林康义,译.北
京：清华大学出版社,1987.

[11] 西蒙.人工科学[M].武夷山,译.北京：商务印书馆,1987.

[12] HOLLAND J H. Hidden order：how adaptation builds com-
plexity[M]. Massachusetts：Addison-Wesley Publishing Com-
pany,Inc. ,1995.

[13] HOLLAND J H. Emergence：from chaos to order[M]. Mas-
sachusetts：Addison-Wesley Pubishing Company, Inc. ,1998.

[14] FROMM J. The emergence of complexity[M]. Baden Württemberg:Kassel University Press,2004.

[15] 李宏亮.基于 Agent 的复杂系统分布仿真[D].长沙:中国人民解放军国防科技大学,2001.

[16] 湖南统计年鉴－2004[M].北京:中国统计出版社,2004.

[17] 张德群,李剑雄.作战实验在"网络中心战"研究中的运用[J].情报指挥控制系统与仿真技术,2004(6):8－11.

[18] 金士尧,吴集,黄红兵.基于复杂系统公众科学素养仿真及对策研究[J].系统仿真学报,2006(12):3498－3502.

[19] 金士尧,李宏亮,党岗,复杂系统计算机仿真的研究与设计[J].中国工程科学,2002,4(4):52－57.

[20] 朱林,张晓囡,徐兴杰.网络中心战作战理念与信息融合技术[J].中国工程科学,2005,7(3):69－73.

[21] 狄增如,陈晓松.复杂系统科学研究进展[J].北京师范大学学报(自然科学版),2022,58(3):371－381.

[22] ARECCHI F T. Complexity, complex systems, and adaptationa[J]. Annals of the New York Academy of Sciences,1999,879(1):45－62.

[23] ZAKIAN V. Complex systems[J]. Nature, 1977, 269(5624):181－182.

[24] KEVIN P M. Machine learning:a probabilistic perspective[M]. Massachuetts:MIT Press,2012.

[25] CHRISTOPHER M B. Pattern recognition and machine learning[M]. Berlin:Springer,2006.

[26] YANN L C, BENGIO Y, HINTON G. Deep learning[J]. Nature, 2015, 521(7553):436－444.